Messung
von
Gasmengen.

Genaue Messung der durch eine Leitung strömenden Gas-(Luft)menge mittels Drossel-Meßscheibe (Staurand).

Von

Dr.-Ing. JOACHIM BRANDIS.

Mit 34 Abbildungen und 26 Tafeln.

BERLIN W
VERLAG VON M. KRAYN
1913.

LOUIS BORCHARDT
BERLIN SW. 68
LINDENSTRASSE 16-17.

Inhaltsverzeichnis.

Figuren und Tabellen.

Literatur.

A. Lehrbücher.

1. H. Buff, Physikalische Mechanik. Braunschweig 1873.
2. F. Grashof, Theoretische Maschinenlehre, Band I: Hydraulik. Leipzig 1875.
3. Haton de la Goupillière, übers. V. Rauscher, Hydraulik. Leipzig 1878.
3. A. Föppl, Technische Mechanik, Band IV: Dynamik. Leipzig 1901.
5. W. Ostwald u. R. Luther, Physiko-Chemische Messungen. Leipzig 1902.
6. F. Kohlrausch, Praktische Physik. Leipzig 1905.
7. F. Kohlrausch, Des Ingenieurs Taschenbuch „Hütte". Berlin 1905.
8. Ph. Forchheimer, Hydraulik, Encyklopädie der mathematischen Wissenschaften. Leipzig 1906.

B. Monographien über Durchfluß durch Querschnittsverengungen.

9. Koch, Studien des Göttingischen Vereins bergmännischer Freunde. Band IV. 1837.
10. J. Weisbach, Untersuchungen in dem Gebiete der Mechanik und Hydraulik. Leipzig 1842/3.
11. J. Weisbach, Die Experimental-Hydraulik. Freiberg 1855.
12. Murgue, übers. J. von Hauer, Grubenventilation. Leipzig 1884.
13. E. Althans, Untersuchungen an einem Gasometer. Anlage zum Hauptbericht der Preußischen Schlagwetter-Kommission. Berlin 1887.
14. Rabe, Ventilatormessungen. Z. f. angewandte Chemie, 1903, S. 619 bis 621. 1903.
15. K. Rummel, Messungen an einem Turbogebläse. Z. d. Ver. deutsch. Ing. S. 1850. 1907.
16. A. O. Müller, Messung von Gasmengen mit der Drosselscheibe. Dr.-Ing.-Dissertation. Berlin 1907.

C. Messungen mit Staugeräten.

17. G. Recknagel, Ueber Luftwiderstand. Annalen d. Phys. u. Chemie. Band 10, S. 677. 1880.
18. G. Recknagel, Ueber Luftwiderstand. Z. d. Ver. deutsch. Ing. S. 489—514. 1886.
19. G. Recknagel, Handbuch der Hygiene, die Lüftung, Erster Teil.
20. G. Neumayer, Anemometer-Studien auf der Deutschen Seewarte. Hamburg 1897.

21. O. Krell sen., Hydrostatische Meßinstrumente. München 1899.
22. O. Krell jun., Ueber Messung von dynamischem und statischem Druck bewegter Luft. München 1904.
23. Farwell, Delivery of fans Eng. News. Band 50, S. 55. 1903.
24. Taylor, Researches on fans Eng. News. Band 51, S. 387. 1904.
25. Threlfall, Motion of gases in pipes Engineering, vol. 73. S. 310 bis 312. 1904.
26. N. François, Mesurage des Débits des Corps gazeux, Revue universelle des Mines etc. S. 30. 1904.
27. Marx, Messungen von Luftgeschwindigkeit. Gesundheits-Ingenieur. S. 369—376. 1904.
28. R. Vambera u. F. Schramml, Die direkte Messung der Geschwindigkeit heißer Gasströme mit Hilfe der Pitotröhren. Pribram.

D. Druckmessung.

29. Rayleigh, Druckmessung bis $^1/_{2000}$ mm Hg. Z. für physik. Chemie. Band 37, S. 713. 1901.
30. Chattock, Walker u. Dixon, Messung bis $^2/_{10000}$ mm H_2O. Philos. Magazine. Vol. 1, S. 96. 1901.
31. Rabe, Verbesserter Zugmesser. Chem. Ind. Bd. 27, S. 122/123. 1904.
32. Stodola, Dampfturbinen. Z. d. Ver. d. Ing. S. 4. 1903.
33. K. Büchner, Zur Frage der Lavalschen Turbinendüsen. Z. d. Ver. d. Ing. S. 1100. 1904.
34. Fritzsche, Strömungswiderstand der Gase in Rohrleitungen. Z. d. Ver. d. Ing. S. 84. 1908.
35. von Loeßl, Die Luftwiderstandsgesetze. Wien 1896.

Einleitung.

Die bekannten Meßmethoden. Der Zweck der vorliegenden Arbeit. Zusammenfassung der Ergebnisse.

Die Ermittlung des in der Zeiteinheit durch einen Leitungsquerschnitt fließenden Gasvolumens, der Liefermenge oder der Lieferung der Leitung kann entweder durch unmittelbare Messung des Gasvolumens, „volumetrische Methode", durch Messung der Geschwindigkeit des Gasstromes oder durch Messung des Druckgefälles an einem Durchflußwiderstand geschehen.

A. Die volumetrischen Methoden.

Die unmittelbare Messung der Gasmenge mittels eines Behälters, gewissermaßen die grundlegende, weil genaueste Meßmethode, kommt vorwiegend nur für Laboratoriumszwecke in Betracht.

Die auf fortlaufender Abtrennung und Zählung gleicher Gasmengen beruhenden trocknen oder nassen Gasuhren ermöglichen sehr genaue Messungen, wenn ihre Eichung mittels Behälters unter den beim Gebrauch obwaltenden Druck-, Temperatur- und Geschwindigkeitsverhältnissen durchzuführen ist und der Drehungswiderstand konstant bleibt. Da aber Gasuhren sehr empfindliche, umfangreiche Apparate sind, beschränkt sich ihre Verwendung auf reine Gase normaler Temperatur und geringe Liefermengen.

Bei den Flügelradgasuhren (Rotarymetern) wird die größere Einfachheit und geringere Empfindlichkeit durch erheblich größere Ungenauigkeit erkauft. Der für jede Konstruktion und Größe und für verschiedene Liefermengen zu ermittelnde Lieferungskoeffizient hängt in hohem Maße von Instandhaltung und Aufstellung ab.

Die mittelbare Volummessung mittels der Mischmethode beruht auf Zumischung einer bekannten, indifferenten Gas- oder Dampfmenge, vor- oder nachheriger Analyse oder Feuchtigkeitsbestimmung. Diese Methode kann wegen ihrer im allgemeinen umständlichen und zeitraubenden Handhabung nur gelegentlich für Einzelmessungen in Frage kommen.

Das gleiche gilt von der mittelbaren Volummessung auf kalorimetrischem Wege mittels Zu- oder Abführung einer bekannten Wärmemenge und Messung der Temperaturänderung. Dieses Verfahren leidet insbesondere an der Schwierigkeit, eine gleichmäßige Aenderung der Temperatur im ganzen Strom zu erzielen und die meist kleine Temperaturdifferenz mit genügender Genauigkeit zu messen.

B. Die Messung der Stromgeschwindigkeit.

Zur Ermittlung der Geschwindigkeit eines Gasstromes in einem Querschnitt der Leitung dienen Anemometer, Schalenkreuz, Pitotrohr, Recknagelsche Stauscheibe, Krellsches Pneumometer oder ähnliche, in den verschiedensten Formen empfohlene Staugeräte. Auch bolometerartige Vorrichtungen sind mit Erfolg versucht worden, bei denen die Gasstromgeschwindigkeit aus dem Wärmeverlust eines elektrisch geheizten Drahtes abgeleitet wird.

Alle diese Instrumente messen die Stromgeschwindigkeit an einem Punkt und sind ganz besonders zur schnellen Erlangung eines ungefähren Ueberblickes geeignet. Handelt es sich um fortlaufende Registrierung, so sind dieselben dort am Platz, wo es weniger auf absolut genaue Messung, als auf Betriebskontrolle ankommt. Für letzteren Zweck haben sich insbesondere die einfach zu handhabenden, momentan anzeigenden Staugeräte mit registrierenden Druckmessern eingebürgert. Soll mit diesen Instrumenten eine genauere Mengenmessung erzielt werden, so ist die Geschwindigkeit an zahlreichen Punkten des Querschnittes zu bestimmen, „Netzmessung", da die Verteilung der Geschwindigkeit über den Querschnitt von verschiedenen Faktoren in komplizierter Weise abhängt und meist beträchtliche Unregelmäßigkeiten aufweist (Lit.-Verz. Nr. 16 S. 20). Die Netzmessung ist aber äußerst umständlich und zeitraubend und erfordert den meist nicht vorhandenen Beharrungszustand sowohl der mittleren Geschwindigkeit des Stromes, wie auch der Verteilung der Geschwindigkeit über den Querschnitt. Außerdem ist die Genauigkeit der genannten Instrumente gering. Die Schlüpfung von Anemometern und Schalenkreuzen ist vom Zustand des Instrumentes abhängig. Die Angaben in der Literatur über die Koeffizienten der Staugeräte (Lit.-Verz. Nr. 17 bis 28) weisen Widersprüche auf. Bei Verwendung derselben in Leitungen ändert sich der Koeffizient mit der Stromgeschwindigkeit und dem Durchmesser der Leitung wahrscheinlich infolge sich ändernder Abweichung der Stromfäden von der achsialen Richtung (vgl. S. 11).

Die direkte Messung der mittleren Geschwindigkeit eines Gasstromes mittels Bestimmung der Zeit, die eine dem Strome beigemengte, sichtbare Masse (Pulverrauch) zur Zurücklegung eines bekannten Weges gebraucht, ist wohl nur bei Abgasen, die ins Freie ausströmen, verwendbar und kann nur auf geringe Genauigkeit Anspruch machen.

C. Die Benutzung von Durchflußwiderständen zur Messung der Liefermenge.

Als Durchflußwiderstand kann im Prinzip jedes Leitungsstück dienen. Die Benutzung eines solchen wird vorwiegend nur für vergleichende Messungen in Betracht kommen, da zur Erzielung absoluter Genauigkeit die Kenntnis des spezifischen Leitungswiderstandes und die Zuverlässigkeit der Druckmessung meist nicht ausreichen dürfte.

Querschnittsverengungen zur Erzielung eines Druckgefälles können beweglich oder fest angeordnet werden. Im ersteren Falle dient die Lagenänderung des die Querschnittsverengung bewirkenden Schwimmkörpers zur Messung des Druckunterschiedes vor und hinter dem Körper.

Bei kleineren Apparaten wird die Stellung des Schwimmkörpers unter Benutzung von Glaswandungen sichtbar gemacht (Rota-Apparate); bei größeren können Uebertragungsvorrichtungen nicht übergangen werden (verschiedene Dampfmesser). Mehrere derartige Konstruktionen sind in praktischen Gebrauch gekommen; jedoch erfordern die meisten der auf diesem Prinzip beruhenden Apparate eine umständliche individuelle Eichung. Häufig ist auch die Abhängigkeit von Reibungseinflüssen und die Empfindlichkeit gegen Verschmutzen recht beträchtlich. Für große Liefermengen werden derartige Einrichtungen sehr umfangreich, was die Verwendbarkeit einschränkt.

Bei fest eingebauten Querschnittsverengungen wird das Druckgefälle manometrisch gemessen. Diese manometrische Widerstandsmethode dürfte hinsichtlich Einfachheit der benötigten Einrichtungen und der Messung, Verwendbarkeit für beliebig große Liefermengen, Brauchbarkeit innerhalb weiter Temperaturgrenzen, ferner hinsichtlich beträchtlicher Unempfindlichkeit gegen Verunreinigungen des Gases allen vorgenannten Meßmethoden überlegen sein.

Daß sich trotz ihrer Vorzüge diese Methode noch nicht allgemein eingeführt hat, liegt wohl daran, daß die Zuverlässigkeit der Messungen zu wünschen übrig läßt, einesteils infolge nicht genügender Kenntnis der Störungseinflüsse, denen die Messung unterliegt, anderenteils infolge einer gewissen Unsicherheit hinsichtlich der Beziehungen zwischen Liefermenge und Widerstand und der Abhängigkeit dieser Beziehung von Anordnung und Dimensionen der Meßvorrichtung, Stromgeschwindigkeit usw. Diese Unsicherheit macht sich um so mehr geltend, je geringer die Querschnittsverengung ist. Aber gerade die Verwendbarkeit kleiner Widerstände hat für die praktischen Bedürfnisse das meiste Interesse.

Die Ausbildung der Querschnittsverengung kann in verschiedenster Weise geschehen; immerhin lassen sich drei Hauptformen unterscheiden:

1. das Venturirohr, Verengung mit langen, konischen, dem Gasstrom sich anschmiegenden Uebergängen;
2. die Düse, ein trompetenförmiger Trichter;
3. die Drosselscheibe (Diaphragma), eine Oeffnung in ebener Wand von sehr geringer Stärke oder mit scharfer Kante an der ebenen Druckseite und starker Abschrägung an der Saugseite.

Der Verlust an Energie ist bei gleichem Oeffnungsverhältnis (Verhältnis des gedrosselten zum vollen Querschnitt) beim Venturirohr am geringsten *), bei der Drosselscheibe am größten. Ferner besitzt das Venturirohr den Vorteil, wegen der schlanken Uebergänge, einer Verschmutzung am wenigsten ausgesetzt zu sein. Diesen Vorteilen stehen die Nachteile gegenüber, daß die beim Venturirohr meist übliche Messung der Drücke an der Wandung nur beschränkte Genauigkeit gewährleistet, wie die nachfolgenden Ausführungen, S. 11 und folgende, zeigen werden, ferner daß sich der Einbau in vorhandene Leitungen wegen der großen Baulänge nur schwierig durchführen läßt, und daß für die Festlegung der Meßvorrichtung eine Reihe durchaus willkürlicher Bestimmungen über Kegelwinkel, Abrundungshalbmesser usw. erforderlich sind. Dieselben Uebelstände weist die Düsenanordnung auf.

Im Gegensatz hierzu bietet die Drosselscheibe die Vorteile, daß, wie sich zeigen wird, die Druckdifferenzmessung durchaus zuverlässig ausgebildet werden kann, daß der Einbau äußerst einfach ist, daß für die Festlegung der maßgebenden Form nur die Angabe der beiden Durchmesser benötigt wird, daß die Strömungsvorgänge am klarsten zu überschauen sind und daß außerdem die Wandreibung bei entsprechender Anordnung der Druckmessung keine Rolle spielt.

Auf Grund dieser Erwägungen wurde der Drosselscheibe der Vorzug gegeben und in der vorliegenden Arbeit nur diese behandelt.

---

*) Beim Venturirohr kann durch Ausführung hinreichend schlanker Uebergänge eine Ablösung des Strahles von der Wandung hinter der Verengung vermieden werden. Der Drosselverlust wird dann sehr klein. Dieser Fall wird bei der Venturirohrmessung nach Möglichkeit angestrebt, auch wird die Druckdifferenzmessung an Stellen mit möglichst verschiedener mittlerer Stromgeschwindigkeit vorgenommen. Daher ist die Venturirohrmessung streng genommen nicht als hydrostatische Widerstandsmessung aufzufassen. Immerhin lassen sich diese idealen Verhältnisse in praxi nur selten erreichen. Der Aehnlichkeit der Anordnung halber sei das Venturirohr hier mit Düse und Drosselscheibe zusammen aufgeführt.

D. Die bisherigen Arbeiten und der Zweck der vorliegenden Arbeit.

Ueber die Beziehungen zwischen Gefälle und Lieferung bei Diaphragmen sind schon Mitte vorigen Jahrhunderts von Weisbach mit Wasserleitungen von 10 und 14,35 mm ∅ Versuche angestellt worden (Lit.-Verz. Nr. 11).

Für Gase gab es in der deutschen Literatur bis vor kurzem nur die Versuche von Althans (Lit.-Verz. Nr. 13). Während der Ausarbeitung vorliegender Untersuchungen erschien noch die Arbeit von A. O. Müller (Lit.-Verz. Nr. 16).

Diese Beiträge geben Anregung zu weiteren Forschungen hinsichtlich allgemeiner Verwendbarkeit der aufgestellten Koeffizienten und Ermittlung der Abhängigkeit derselben von verschiedenen Einflüssen.

Vorliegende Arbeit sucht diese Aufgabe unter Berücksichtigung der Anforderungen an eine praktisch, in möglichst weitem Umfange verwendbare Meßvorrichtung zu lösen und beschäftigt sich mit der Untersuchung der für die Zuverlässigkeit der Messung mittels Drosselscheiben maßgebenden Erscheinungen und einer damit Hand in Hand gehenden Ausbildung der Meßmethode, sowie mit möglichst weitgehender Festlegung der Koeffizienten und Ermittlung ihrer Abhängigkeit von allen in Betracht kommenden Faktoren.

Verfügbare Mittel und Zeit veranlaßten eine Beschränkung der Untersuchungen auf stationäre, nicht pulsierende Luftströme von annähernd atmosphärischer Spannung und technisch wichtige Stromgeschwindigkeiten von ca. 0,5 bis 10 m pro Sekunde, sowie auf zylindrische Rohrleitungen bis zu 600 mm lichten Durchmesser.

Zur Begründung der Behandlungsweise der Aufgabe erscheint ein kurzes Eingehen auf die allgemeine Theorie des Vorganges angebracht.

Der Durchfluß durch eine plötzliche Verengung läßt sich als ein besonderer Fall der Ueberströmung zwischen zwei Räumen 1 und 2 mit verschiedenem Druck auffassen. Hierfür gilt allgemein *):

$$Q_{12} + AR_{12} + i_1 - i_2 + A\int_1^2 v\,dP = 0$$ (nach „Hütte" Abschnitt 3).

Da die Leitungsquerschnitte vor und hinter der Verengung gleich sind, wird die mittlere Geschwindigkeit $w_1 = w_2$ und damit $i_1 = i_2$.

Bei den nur sehr kleinen Druckänderungen ΔP (es ist $\frac{\Delta P}{P}$ meist $< 0{,}001$) und bei der verschwindend geringen Erhöhung der Lufttemperatur durch teilweise Umsetzung von R in Wärme (Lit.-Verz. Nr. 16) kann $Q_{12} = 0$ und $v = \text{const.}$ gesetzt, d. h. die Luft als tropfbare Flüssigkeit aufgefaßt, und somit der Energieverlust R proportional der statischen Druckänderung $P_1 - P_2$ angenommen werden.

Die Aufstellung einer Beziehung zwischen w und R bzw. $P_1 - P_2$ auf analytischem Wege mittels Bestimmung der Zustandsänderung von Punkt zu Punkt ist bisher noch nicht gelungen.

In der praktischen Hydrodynamik wird schichtenweise Bewegung vorausgesetzt und ein mittlerer Zustand eines Querschnittes für alle Punkte desselben als gleich angenommen, dementsprechend das streng nur für einen einzigen Stromfaden gültige Bernoullische Theorem $\frac{p}{\gamma} + \frac{u^2}{2g} = \text{const.}$ (Summe der „inneren" oder „hydrodynamischen" und der „Geschwindigkeits"-Druckhöhen **) ist konstant) über den ganzen Querschnitt verallgemeinert und

*) Die Buchstabenbezeichnungen sind nach dem Taschenbuch „Hütte" gewählt, außerdem findet sich eine Zusammenstellung der Bezeichnungen auf Seite 86 und 87.

**) Vielfach findet sich die weniger präzise und dem physikalischen Sprachgebrauch nicht entsprechende Bezeichnung „statische" und „dynamische" Druckhöhe.

$\rho \frac{w^2}{2g} + \frac{p}{\gamma} =$ const. gesetzt, wo $w = \frac{1}{F}\int u\, dF$ und ρ die Korrektion für Einsetzen des Quadrates der mittleren Geschwindigkeit an Stelle des Mittels der Quadrate ist.

Meist wird noch ρ als konstant und gleich 1 angenommen, und nach dem Vorgang von Weisbach unter Einführung eines empirisch zu ermittelnden Koeffizienten ζ jede Widerstandhöhe $\frac{\Delta p}{\gamma} = \zeta \frac{w^2}{2g}$ gesetzt.

Auf den Vorgang beim Durchfluß durch die plötzliche Verengung wird der Carnot'sche Lehrsatz vom Stoßverlust beim unelastischen Stoß angewandt und die Differenz der inneren Drücke $\frac{p_1 - p_2}{\gamma} = \frac{(w_0/\alpha - w_1)^2}{2g}$ gesetzt. Mit $\frac{w_0}{w_1} = \frac{F_1}{F_0} = \frac{1}{\beta}$ und $p_1 - p_2 =$ Druck-Gefälle h ergibt sich die übliche Beziehung

$$\frac{h}{\gamma} = \frac{w_0^2}{2g}\left(\frac{1}{\alpha} - \beta\right)^2 = \zeta \frac{w_0^2}{2g}, \text{ wo } \zeta = \left(\frac{1}{\alpha} - \beta\right)^2 \text{ und } \alpha = \frac{1}{\sqrt{\zeta} + \beta} = \frac{1}{\frac{1}{w_0}\sqrt{2g\,h/\gamma} + \beta}.$$

Diese Entwicklung kann nur mit Annäherung den Vorgang wiedergeben (Lit.-Verz. Nr. 8, S. 474 u. f.), und es fehlt nicht an Versuchen, dem Drosselvorgang besser gerecht werdende Beziehungen aufzustellen (Lit.-Verz. Nr. 8, S. 391).

Für die vorliegende Aufgabe, der Benutzung dieses Vorganges zu einer technisch verwendbaren Meßvorrichtung, sind diese Bestrebungen von geringerer Bedeutung, wenn es gelingt, den Einfluß der Stromgeschwindigkeit w_1, des Oeffnungsverhältnisses β und der Größe des Querschnittes F auf die Funktion Durchflußvolumen $V = f(h/\gamma)$ empirisch in einer für den praktischen Bedarf des Ingenieurs geeigneten Form auszudrücken.

Die empirische Ermittlung der Beziehung $V = f(h/\gamma)$ benötigt die Messung von Durchflußvolumen V, Druckgefälle h und Dichte γ unter verschiedenen, die praktischen Bedürfnisse möglichst umfassenden Verhältnissen. Da beim Gebrauch der Meßvorrichtung h/γ das Meßobjekt bildet, aus dem V abgeleitet wird, so ist die Zuverlässigkeit der Messung von h/γ als Maß für V die fundamentale Bedingung für die Brauchbarkeit der Vorrichtung. Nachdem es sich aber um die möglichst zweckmäßige Gestaltung des Drosselrandes zu einer Meßvorrichtung handelt, so ist auf die Unabhängigkeit der Messung des Druckgefälles von Zufälligkeiten größerer Wert zu legen, als auf das Bestreben, den Drosselwiderstand möglichst rein zu messen. Die Aufgabe wurde daher darin gesucht, die zuverlässigste Meßmethode für h/γ zu ermitteln und eingehender Prüfung zu unterziehen; dagegen wurde auf die Bestimmung physikalisch interessanter Größen, z. B. des reinen Durchflußwiderstandes oder der Kontraktion verzichtet.

E. Zusammenstellung der Ergebnisse der Untersuchungen.

1. Das am zuverlässigsten zu bestimmende Maß für das Druckgefälle bildet die Differenz zwischen den auf der Drosselscheibe selbst in der Nähe der Rohrwandung auftretenden Stau- und Saugdrücken. Die Druckmeßöffnungen sind daher die Rohrwand tangierend auf beiden Seiten der Scheibe selbst anzuordnen.
2. Die Zuverlässigkeit der Druckdifferenzmessung wird erhöht und insbesondere der hinter Richtungsänderungen der Leitung einzuhaltende Abstand verkürzt, wenn die Drücke nicht nur an einem Punktpaare, sondern an mehreren nach 1 angeordneten Stellen bzw. auf dem ganzen Umfange gleichzeitig gemessen werden. Hierfür werden

zwei Druckausgleichvorrichtungen benötigt, bestehend aus je einem Sammelraum, an den die Meßstellen unter Einschaltung gleicher Durchflußwiderstände angeschlossen sind. Eine solche Drosselscheibe mit mehreren Meßstellen nach 1 und mit Druckausgleichern wurde „Meßscheibe" genannt.

3. Der Durchflußkoeffizient $K = \frac{V}{\sqrt{h/\gamma}}$ (Lieferung für Gefälle $h/\gamma = 1$ *) ist abhängig von der Beschaffenheit der Rohrleitung vor und hinter der Drosselscheibe. Zur Erzielung einer für die meisten praktischen Zwecke ausreichenden Meßgenauigkeit ist bei Verwendung einer Meßscheibe nach 1 und 2 erforderlich:
   a) vor der Meßscheibe hinter einer Querschnittsveränderung eine Rohrlänge mit konstantem Querschnitt von mindestens 8 D, hinter einer Richtungsänderung eine gerade Rohrlänge von mindestens 4 D;
   b) hinter der Meßscheibe bis zu einer Querschnittsverengung oder einer Richtungsänderung ein gerades Rohrstück von mindestens 3 D Länge, bis zu einer Querschnittserweiterung eine Rohrlänge mit konstantem Querschnitt von mindestens 6 D.
4. Die Lieferung V ist nicht genau proportional der Quadratwurzel aus der gemessenen Druckdifferenz h/γ, sondern annähernd proportional $(h/\gamma)^n$, wo $n = 0{,}47$ bis nahezu 0,5 abhängig von der Wandstärke der Drosselscheibe, dem Druckgefälle h/γ, dem Scheibendurchmesser D_0 und dem Oeffnungsverhältnis β gefunden wurde.

An Stelle des Ausdruckes $V = K\,(h/\gamma)^n$ empfiehlt es sich $V = C + K'\sqrt{h/\gamma}$ zu setzen, wo C vernachlässigt werden kann, wenn die Oeffnung scharfrandig ist, d. h. wenn Randdicke δ zu Oeffnungsdurchmesser D_0 kleiner als 0,01, das Oeffnungsverhältnis $\beta \leq 0{,}6$ sowie die Stromgeschwindigkeit größer als 5 m/sec ist.

Der Geschwindigkeitskoeffizient $k' = \frac{K'}{F}$ ist abhängig vom Oeffnungsverhältnis β und vom Querschnitt F der Leitung.

Diese Abhängigkeit läßt sich mit einer mittleren Abweichung von den Versuchswerten von ca. 1% wiedergeben durch $k' = e\,\frac{1{,}02}{(1-\beta^{\varepsilon})^{0{,}25}}$, wo $\varepsilon = 1{,}17 + \frac{D^2}{36}$ mit D in dm.

Mit diesen Formeln kann bei Durchmessern von 70 bis 600 mm der Rohrleitung und bei einem mittleren Fehler in der Bestimmung des h und des γ von 1,5%, des F von 0,5% und bei einer Ungenauigkeit des k' von 1% auf eine mittlere Ungenauigkeit der Gasmengenmessung von weniger als 2% gerechnet werden.

---

*) Der Durchflußkoeffizient K entspricht dem im Bergbau eingeführten Begriff der „äquivalenten Weite" A, und zwar ist $A = \frac{V}{\sqrt{h/\gamma}}\,\frac{1}{\mu\sqrt{2g}} = 0{,}347\,K$, wenn $\mu = 0{,}65$ gesetzt wird, wobei h allerdings im Gegensatz zu der hier empfohlenen Differenzmessung das reine Druckgefälle bedeutet.

1. Abschnitt.

Die Wahl der Druckmeßstellen.

In der Einleitung (S. 3 u. 5) wurde die Zuverlässigkeit der Gefällemessung als grundlegend für die Brauchbarkeit der manometrischen Widerstandsmethode bezeichnet; zwei Hauptfehlerquellen der Gefällemessung lassen sich unterscheiden:

1. Beeinflussung der zu messenden inneren Drücke durch unbeabsichtigte Geschwindigkeitshöhenbeiträge infolge unrichtiger Ausbildung der Meßöffnungen;
2. Beeinflussung der Größe des Gefälles durch Unregelmäßigkeiten des Gasstromes.

Abschnitt 1 behandelt Untersuchung und Vermeidung der unter 1 genannten Fehler; Abschnitt 2 und 3 behandeln die unter 2 zusammengefaßten Fehlerquellen.

Bei den Untersuchungen dieser drei Abschnitte, die im Gegensatz zu den späteren Versuchen einen mehr qualitativen Charakter tragen, handelt es sich um zahlreiche, vergleichende Messungen an verschiedenen Meßstellen und an häufig abzuändernden Versuchseinrichtungen, welche in erster Linie einen für längere Zeit möglichst gleichbleibenden, rasch an- und abzustellenden, sowie leicht einregulierbaren Luftstrom erforderten.

Die Erzeugung dieses Luftstromes möge kurz besprochen werden, ehe das eigentliche Untersuchungsgebiet des vorliegenden Abschnittes betreten wird.

A. Versuchseinrichtung zur Erzeugung eines stationären Luftstromes.

Während sich der 30 cbm - Gasbehälter (S. 67, Fig. 20) für die quantitativen Luftmessungen des Abschnittes 6, bei denen es auf exakte Bestimmung der Lieferung eines Stromes von kurz begrenzter Dauer ankam, ganz besonders eignete, erwies sich derselbe für die Erzeugung eines stationären Luftstromes von längerer Dauer als wenig brauchbar.

Der Glockeninhalt erschöpfte sich zu schnell, das Wiederaufblasen und Einregulieren der Lieferung war umständlich und zeitraubend und störte den gleichmäßigen Fortgang der Untersuchungen.

Es lag nahe, dem Behälter die ausströmende Luftmenge mittels eines elektrisch angetriebenen Kapselgebläses wieder zuzuführen (1. Verfahren), die Behälterglocke also gewissermaßen als Druckregler zu benutzen.

Dieses bei einigen Vorversuchen angewandte Verfahren erwies sich jedoch ebenfalls als unvorteilhaft.

Die unvermeidlichen, geringen Schwankungen der Gebläselieferung verursachten wechselnde Auf- und Abwärtsbewegung der Behälterglocke, dementsprechend änderte sich die Reibung der Glocke an den Führungen nach Größe und Richtung, was Druckschwankungen im Behälterinnern (vgl. S. 31) und damit störende Unregelmäßigkeiten des Luftstromes zur Folge hatte.

Wurde die Gebläselieferung etwas kleiner oder größer, als notwendig, eingestellt, um gleichmäßiges Sinken oder Steigen der Glocke zu veranlassen, so war die letztere bald in ihrem obersten oder tiefsten Stande angelangt, und es wurde Neueinstellung der Gebläsetourenzahl und des Drosselschiebers erforderlich.

Es war einfacher, den Gasbehälter fortzulassen und direkt den Gebläseluftstrom zu benutzen (2. Verfahren).

Bei den ersten Versuchen wurde ein Kapselgebläse von Encke für maximal ca. 750 Umdrehungen pro Minute und mit einer Lieferung von ca. 23 l pro Umdrehung, sowie ein Jägergebläse für maximal ca. 1000 Umdrehungen pro Minute, mit ca. 2,5 l Lieferung pro Umdrehung benutzt.

Eine frühere Aufnahme der Lieferungskurven beider Gebläse mittels des 30 cbm Gasbehälters bei verschiedenen Tourenzahlen und Pressungsdifferenzen (im erweiterten Saug- und Druckraum stets an denselben Anschlußröhrchen gemessen) hatte ergeben, daß unter gleichen Geschwindigkeits- und Druckverhältnissen sowie bei gleicher Drehrichtung die Lieferung konstant blieb, was nicht nur die Gebläse zur Erzeugung des verlangten stationären Luftstromes geeignet erscheinen ließ, sondern auch eine ziemlich genaue Berechnung der jeweiligen Lieferung mit Hilfe der erwähnten Eichungskurven ermöglichte.

Die Tourenzahl des Kapselgebläses wurde durch ein momentan anzeigendes Tachometer von Dr. Horn kontrolliert und die Druckdifferenz an den erwähnten Anschlußröhrchen in derselben Weise, wie früher, bei der Eichung gemessen und bei Aenderung der Versuchseinrichtung mittels Drosselschiebers konstant gehalten.

Schwankungen der Stadtnetzspannung konnten mittels der ziemlich fein einstellbaren Nebenschlußregulierung des Motors ausgeglichen werden.

Die Annehmlichkeit einer Akkumulatorenbatterie für derartige Untersuchungen zeigte sich bei einer Reihe von Versuchen, die im Maschinenlaboratorium der Königl. Höheren Maschinenbauschule in Aachen, unter Benutzung eines direkt mit Elektromotor gekuppelten Zentrifugalventilators, durchgeführt wurden. Nach Erreichung des Beharrungszustandes in der Erwärmung der stromdurchflossenen Teile und der Lager, was etwa 15 Minuten dauerte, blieb die Lieferung des Elektroventilators völlig konstant.

Da die Lieferung des genannten Encke-Gebläses für viele Versuche zu klein war, wurde später ein zur Verfügung stehender Sirokko-Ventilator, der bei ca. 2000 Umdrehungen pro Minute maximal ca. 750 l pro Sekunde lieferte, zur Erzeugung des stationären Luftstromes benutzt. Bei diesem war die Kontrolle der Lieferung durch Messung der Tourenzahl und der Druckdifferenz im Ansauge- und Druckstutzen nicht genügend zuverlässig, und es wurde in die Saugleitung (bzw. Druckleitung, wenn erstere für die Versuchsanordnung benutzt wurde) eine Luftmeßvorrichtung eingeschaltet. Wie durch Umwechseln der gleichen Meßvorrichtung mehrfach erprobt wurde, war der Sirokko-Ventilator nach Abflanschen der Gehäuseöffnung an der Lagerseite bei den vorkommenden Druckdifferenzen bis zu ca. 80 mm WS. praktisch dicht.

Für die Lieferungskontrolle wurden zuerst venturirohrartige Düsen mit zentral eingesetzten Krell'schen Pneumometern, später ausschließlich Meßscheiben verwandt, nachdem sich im Verlauf der Untersuchungen deren besondere Zuverlässigkeit erwiesen hatte.

Diese Anordnung (3. Verfahren) Meßscheibe zur Kontrolle der Lieferung (Kontrollscheibe) im freien Zweig einer Ventilatorleitung bewährte sich außerordentlich und wurde zuletzt ausschließlich benutzt. Jede Lieferungsschwankung war sofort zu erkennen, und eine genaue Einregulierung des Durchflusses durch Aenderung der Tourenzahl oder durch Drosselung des Luftstromes leicht möglich; außerdem war die Durchflußmenge aus der Meßrandanzeige stets genau zu ermitteln.

Die Manometer für Kontrollscheibe und Versuchseinrichtung standen möglichst nahe zusammen; letztere wurden nur abgelesen, wenn erstere sich im Beharrungszustand befanden und den gewünschten Druck anzeigten.

Zu den Druckmessungen wurden gegen Verstauben geschützte wassergefüllte U-Röhrchen (S. 85, Fig. 34), sowie Mikromanometer mit Uebersetzungen 1:10 und 1:50 von Schultze in Charlottenburg, später in der Laboratoriumswerkstatt hergestellte Mikromanometer 1:5 und 1:20 mit größerem Meßumfang benutzt.

Die Versuchsreihen wurden stets mindestens zweimal durchgeführt. Außerdem wurden stets sowohl die Einzeldrücke, wie die Druckdifferenzen unabhängig voneinander gemessen.

Die Versuchsstücke bestanden aus Gas- oder Zinkblechrohren. Die Blechschüsse, je nach Bedarf 0,3 bis zu 1,5 m lang, wurden auf innen fest anliegende Blechringe gegen eine Sicking des Blechringes geschoben, die Fugen mit zähem Asphaltlack abgedichtet und mit 3 cm breitem Isolierband mehrfach umwickelt; eine derartige Verbindung hielt, wenn die Rohrenden durch Drahtschlingen achsial gehalten wurden, gegen Ueberdrücke bis zu ca. 80 mm Wassersäule genügend dicht.

Die Versuche wurden auf Rohre bis zu 600 mm l. W. ausgedehnt, um den Einfluß der Unregelmäßigkeiten der Wandbeschaffenheit, eingesetzter Thermometer, Stauscheiben, Drucksonden usw. gering zu halten und aus den Versuchen zuverlässige Schlüsse für die in der Praxis meist vorkommenden großen Rohrweiten ziehen zu können.

Mittels des vorerwähnten Sirokkoventilators konnte in einem Rohr von ca. 400 mm l. W. ein stationärer Luftstrom bis zu ca. 6 m/sec mittlerer Geschwindigkeit erzeugt werden.

Bei fast allen Versuchen wurde eine besondere Ausgleichsvorrichtung für unregelmäßige Geschwindigkeitsverteilung verwandt, die ebenfalls schon hier Erwähnung finden möge.

Hinter Schiebern, Krümmern, Verengungen usw. sowie in den Anschlußrohren hinter Ventilatoren ist die normale Verteilung der Geschwindigkeit über den Querschnitt mehr oder weniger gestört; erst nach Durchströmen einer längeren, geraden und glatten Leitung stellt sich allmählich eine regelmäßige Geschwindigkeitsverteilung ein (vgl. Abschnitt 2 u. 3).

Um kostspielige und umständliche lange Leitungen zu vermeiden, wurden zur Herstellung normaler Geschwindigkeitsverteilung in genügender Entfernung vor den Versuchsstücken mit Drahtgeflecht aus Messing (zirka 0,3 mm Drahtstärke und ca. 15 Maschen auf 1″) bezogene Ringe „Siebe" eingesetzt (vgl. Lit.-Verz. Nr. 27). Infolge ihrer stauenden Wirkung beseitigen solche Siebe eine unregelmäßige Geschwindigkeitsverteilung in derselben Weise, wie eine lange Rohrleitung; bis zu welchem Grade dies der Fall ist, geht aus den Versuchen S. 45, Fig. 1 hervor.

Bei diesen Versuchen erzeugte das Kapselgebläse den stationären Luftstrom, an dessen Druckseite das Versuchsrohr mit einer halbkreisförmigen Verengung (Blende) angeschlossen war. (Die Wirkung dieser Blende entsprach etwa der eines halbgeöffneten Schiebers.) Zwischen Blende und Rohrende konnten Siebe eingesetzt werden. Die Geschwindigkeitsverteilung wurde am Rohrende durch punktweises Abtasten über den der Symmetrieachse der Blende parallelen Durchmesser mittels Stauscheibe (Fig. 2) ermittelt.

Ohne Siebe ergab sich die $\frac{u^2}{2g}$-Kurve 1, mit zwei Sieben die $\frac{u^2}{2g}$-Kurve 2, welche völlige Ausgleichung der unregelmäßigen Geschwindigkeitsverteilung zeigt. Beide Kurven wurden bei der gleichen Lieferung aufgenommen.

Bei Entfernung eines Siebes und Beibehaltung der Lieferung blieb die Verteilung annähernd wie bei 2. Bei Steigerung der Gebläseleistung trat dagegen die frühere Unregelmäßigkeit, allerdings etwas gemildert, zutage, wie Kurve 3 zeigt. Mit zwei Sieben konnte wegen des zu großen Widerstandes derselben nicht genau die gleiche Lieferung wie bei Versuch 3 erzielt werden (die Kurve ist daher nicht eingetragen); die Ausgleichung war ebensogut wie bei 2.

Aus diesen Versuchen geht hervor, daß Siebe *), in genügender Anzahl verwandt, eine regelmäßige Geschwindigkeitsverteilung gewährleisten.

B. Allgemeines.

1. Anforderungen an die Druckmessung.

Die in der Einleitung behandelte analytische Untersuchung des Drosselvorganges setzt die Messung einer rein hydrodynamischen oder inneren Druckdifferenz zwischen zwei Querschnitten vor und hinter der Verengung voraus.

Wie sich später zeigen wird, ist die Messung eines rein inneren Druckes ohne Geschwindigkeitshöhen-Beeinflussung schwierig und im praktischen Betriebe kaum durchführbar. Die praktische Verwendbarkeit der Meßvorrichtung hängt aber nicht grundsätzlich von der Durchführung einer rein inneren Druckmessung ab. In der Einleitung wurde darauf hingewiesen, daß die Formeln der praktischen Hydrodynamik auf wenig zutreffenden Annahmen beruhen und empirisch zu bestimmende Koeffizienten benötigen, und daß es daher zweckmäßig erscheint, auf die allgemeine Beziehung $V = f(h/\gamma)$ zurückzugehen, und für diese die erforderlichen Koeffizienten in einer für den praktischen Gebrauch geeigneten Form festzulegen.

Wird diese allgemeine Beziehung der Messung zugrunde gelegt, so ist es aber gleichgültig, ob sich die Koeffizienten auf ein rein hydrodynamisches h, oder auf ein h, das mit einem Geschwindigkeitshöhen-Beitrag behaftet ist, beziehen, wenn letzterer nur stets in derselben Weise von der zu ermittelnden mittleren Stromgeschwindigkeit abhängt.

Dagegen ist grundsätzlich zu fordern, daß die Messung von h frei von unbeabsichtigten, zufälligen Störungen ist, daß also z. B. Anordnung, Form und Größe der Meßöffnung, die Wandungsbeschaffenheit, die Strömungsverhältnisse usw. ohne Einfluß auf die Messung von p_1 und p_2 sind.

Nach diesem Gesichtspunkt sind die verschiedenen Möglichkeiten der Druckdifferenzmessung zu beurteilen.

2. Die Bestimmung des inneren Druckes in einem Leitungsquerschnitt.

Wie häufig durch punktweise Messung über einen oder mehrere Durchmesser eines Querschnittes nachgewiesen worden ist, nimmt die Geschwindigkeit stets nach der Rohrmitte zu. Die hieraus nach dem Bernoulli'schen Theorem anzunehmende Abnahme des inneren Druckes nach der Rohrmitte wurde besonders von Ser und Krell (Lit.-Verz. Nr. 22) durch Versuche bestätigt. Insbesondere wird in letzterer Veröffentlichung gezeigt, daß der Unterschied zwischen dem inneren Druck in der Mitte und am Umfang des Rohrquerschnittes unter Umständen recht beträchtlich sein kann.

Demnach hätte eine einwandfreie Bestimmung des mittleren inneren Druckes in einem Querschnitt mittels Netzmessung zu geschehen. Diese Forderung würde die praktische Verwendbarkeit der Widerstandsmethode in Frage stellen, wenn es auf Messung der reinen inneren Druckdifferenz ankäme.

*) Es ist darauf zu achten, daß die Siebe sauber sind, da ein teilweise verstopftes Sieb wie eine Blende wirkt.

3. Der Druck in einer Bohrung, die normal zu einer, der Hauptrichtung des Luftstromes parallelen Fläche gerichtet ist.

In einer normal zu einer ebenen oder zylindrischen Fläche gerichteten Bohrung stellt sich auch bei genauer Orientierung der Fläche parallel zur Hauptrichtung des Luftstromes nicht der hydrodynamische oder innere Druck ein, der an der Bohrstelle im Luftstrom herrscht, sondern ein Druck, der infolge positiven oder negativen Geschwindigkeitshöhen-Beitrages von letzterem mehr oder weniger abweicht.

Es ist insbesondere das Verdienst Krell's, auf diese wichtige Tatsache nachdrücklich aufmerksam gemacht und gezeigt zu haben, daß eine rein innere Druckmessung mittels derartiger Bohrungen an Stellen mit lebhafter Strömung der Fläche entlang sehr schwierig, wenn nicht unmöglich, ist.

Die komplizierten Vorgänge an der Mündung einer Bohrung sind noch nicht aufgeklärt. Es scheint, daß man zu unterscheiden hat zwischen lokaler Einwirkung der Mündungskanten und der Einwirkung einer radialen Komponente, der selten oder nie völlig parallel der Rohrachse verlaufenden Luftströmung — zentrifugale Pressungen nach Krell —, sowie der Einwirkung der Unruhe des Stromes.

Als Mittel gegen diese, die innere Druckmessung trübenden Einflüsse werden kapillare (1—2 mm weite) Bohrungen empfohlen. Enge Meßbohrungen verringern zweifellos die Einwirkung der Unruhe des Stromes auf den Manometerstand, dürften aber kaum Einfluß auf Störungen durch zentrifugale Pressungen ausüben.

Ebensowenig dürfte der Einfluß der Ausbildung der Oeffnungskanten durch Verengung der kreisförmigen Bohrung völlig beseitigt werden. Von allen Beobachtern wird daher besondere Sorgfalt auf die Ausbildung der Kanten gelegt. Krell (Lit.-Verz. Nr. 22) läßt dieselben mit der Wandung scharfkantig abschneiden, Büchner (Lit.-Verz. Nr. 33) bricht die Kanten. Letzteres soll einen negativen Geschwindigkeitshöheneinfluß, die Saugwirkung beseitigen, kann aber auch positive Geschwindigkeitshöhenbeiträge verursachen.

Beim Brechen der Kanten ist die Größe des Abrundungshalbmessers oder des Kantenwinkels von Einfluß und wäre daher festzulegen. Diese Komplikation würde bei Verwendung scharfer Kanten fortfallen.

Jedenfalls versagen enge Meßbohrungen im praktischen Betriebe wegen der stets vorhandenen Verunreinigung des Gasstromes durch Staub, häufig auch durch Teer usw., und selbst bei Laboratoriumsversuchen sind enge Bohrungen wegen der Vergrößerung der Meßfehler durch Undichtigkeiten (vgl. S. 35) mißlich.

Daß aber bei weiten Bohrungen die Art und Sauberkeit der Ausführung von großem Einfluß auf die Höhe des Geschwindigkeitshöhenbeitrages ist, daß insbesondere bei Betriebsrohrleitungen mit den unvermeidlichen Rauhigkeiten und Schmutzansätzen zuverlässige Druckmessungen mittels Wandbohrungen oder in die Wand eingesetzter Röhrchen nicht zu erwarten sind, steht wohl außer Zweifel.

4. Die Anordnung der Druckmeßstellen.

Für eine technisch-wirtschaftlich allgemein zu verwendende Luftmeßmethode kann nur eine Druckmeßvorrichtung in Frage kommen, die mit einfachen und betriebssicheren Elementen arbeitet und zufälligen Einflüssen nicht unterworfen ist.

Die Notwendigkeit, zufällige Geschwindigkeitsstörungen nach Möglichkeit zu vermeiden, weist darauf hin, an solchen Stellen die Meßöffnungen anzuordnen, an denen unbeabsichtigte Beeinflussungen durch die Geschwindigkeitsdruckhöhe am geringsten sein müssen, d. h. an Stellen, an denen die Stromgeschwindigkeit an der Wandung sich verringert. Solche Stellen sind in der Nähe der Verengung zu suchen, wo sich „Stauhügel“ (Lit.-Verz. 35), Zonen mit geringer Stromgeschwindigkeit, vor und hinter dem Diaphragma bilden.

Die Anordnung der Meßstellen in der Nähe der Verengung würde außerdem den Vorteil haben, daß eine Berücksichtigung der Wandreibung unnötig ist.

Die Berichtigungen für mitgemessenes Wandreibungsgefälle sind bei mittlerem β nach den Versuchen von A. O. Müller (S. 80, Fig. 30) nicht unerheblich und betragen nach seinen Berechnungen (Lit.-Verz. 16, S. 26)

$$\text{für } \beta = 0{,}2875 \quad 0{,}406 \quad 0{,}578$$

$$\frac{\alpha_0 - \alpha}{\alpha} = 0{,}0065 \quad 0{,}016 \quad 0{,}047$$

$$\frac{k_0 - k}{k} = 0{,}009 \quad 0{,}0225 \quad 0{,}077$$

wo α bzw. k den Koeffizienten ohne Reibungsabzug und
α_0 „ k_0 „ „ mit „ bedeutet.

Die Berechnung des Reibungsbeitrages unter Zugrundelegung der für gerades, glattes Rohr gültigen Koeffizienten ist, wie A. O. Müller selbst ausführt, ein willkürlicher Notbehelf. Zweifellos sind die Reibungsverhältnisse vor und hinter der Drosselscheibe ganz anders, als wie im geraden, glatten Rohr. Da nun aber selbst die Reibungswiderstände in geraden, glatten Rohrleitungen nicht mit einer für maßgebliche Messungen genügenden Sicherheit angegeben werden können, ist die Ausschaltung des Wandreibungsgefälles für die Brauchbarkeit der Meßvorrichtung von größter Bedeutung.

Bei Anordnung der Meßstellen in der Nähe der Verengung wird allerdings die Druckdifferenz nicht in Querschnitten mit gleicher Geschwindigkeitsverteilung gemessen, p_1 muß einen positiven, p_2 einen negativen Beitrag der Geschwindigkeitshöhe des Luftstromes in der Verengung erhalten. Nach früheren Ausführungen (s. S. 5 u. 10) ist dann die Lage der Meßstellen so festzulegen, daß dieser Beitrag sich stets in derselben Weise geltend macht.

Welche Lage der Druckmeßstellen die zweckmäßigste ist, kann nur durch Versuche über die Strömungs- bzw. Druckverhältnisse in der Nähe der Verengung entschieden werden. Letztere werden ferner einen gewissen Aufschluß geben über die Ausdehnung der Einflußzone der Verengung, über welche sehr verschiedene Ansichten herrschen. Z. B. nimmt Althans vor der Verengung einen Abstand von ca. 1,1 D, hinter derselben von ca. 7 D; A. O. Müller wählt 2,5 bzw. 8 D; Bazin (Lit.-Verz. 8, S. 344 u. 351) gibt als erforderliche Beruhigungslänge hinter plötzlicher Querschnittsveränderung für ein 80 cm Zementrohr und Wasser 30 D an.

C. Versuche über Druckmessung.

Nach den Ausführungen des vorigen Abschnittes haben sich die Versuche in erster Linie auf die Ermittlung der Druckverhältnisse in der Nähe der Verengung zu erstrecken. Es erschien aber geboten, auch einige Versuche über die Zuverlässigkeit von Wandbohrungen anzustellen, um, unabhängig von den Krell'schen Untersuchungen, einen Anhalt zur Beurteilung der Zuverlässigkeit dieser Meßweise zu gewinnen.

1. Versuche über die Zuverlässigkeit der Druckmessung mittels Wandbohrungen.

Wenn die Druckmessung an der Wand ein zuverlässiges Maß für den inneren Druck des betreffenden Querschnittes gibt, so müssen eine Reihe in gleichen Abständen hintereinander liegender Bohrungen an einem geraden zylindrischen Rohr bei stationärem Luftstrom eine gleichmäßig lineare Aenderung der einzelnen Drücke aufweisen.

Als Versuchsrohr diente ein ausgesucht glattes 3″ Gasrohr von ca. 2 m Länge mit 16 Druckmeßanschlüssen in je 125 mm Abstand, auf deren Herstellung besondere Sorgfalt verwendet wurde.

Da das bündige Einschrauben von Druckmeßröhrchen nur Vorteile bietet, wenn ein teilweises Vor- oder Zurückstehen des Röhrchens gegen die innere Rohrwand durch nachheriges Ausbohren des Versuchsrohres vermieden wird und ein Ausbohren des langen Rohres mit den zur Verfügung stehenden Hilfsmitteln nicht möglich war, wurde auf Wandbohrungen zurückgegriffen. Bei diesen ist die Vermeidung eines inneren Bohrwulstes oder Grates von größter Wichtigkeit.

Das von Reynolds bei seinen Versuchen über die Bewegung von Wasser in Bleirohren (bis zu $^3/_4$″ l. W.) eingeschlagene Verfahren des diametralen Durchbohrens durch beide Wandungen, um die von innen nach außen gebohrte Oeffnung zur Druckmessung benutzen zu können, erschien hier nicht erforderlich, da das 3″ Rohr eine innere Bearbeitung der Bohrstellen mit einer Feile an verlängertem Griff gestattete.

S. 46, Fig. 5 zeigt ein Druckmeßröhrchen im Querschnitt. Nach Vorbohren eines 8 mm-Loches zur Aufnahme einer Schlauchtülle wurde in der nur noch 1—2 mm starken Wand die 2 mm-Meßbohrung vorsichtig mit scharfem Bohrer hergestellt und der innere Grat mittels Feile und Nachbohren beseitigt. Mit diesen besonders sorgfältig hergestellten feinen Meßöffnungen war jedenfalls eine wesentlich zuverlässigere Druckmessung zu erwarten, als im praktischen Betriebe mit weiten Oeffnungen zu erreichen ist. Trotzdem zeigen die Schaubilder Fig. 5 außerordentlich starke Abweichungen des Druckverlaufs von einer Geraden, und zwar zeigen sich die gleichen Unregelmäßigkeiten der Druckanzeige bei Versuchsreihen mit verschiedenen Stromgeschwindigkeiten. Die Abweichungen können demnach nicht etwa von Unregelmäßigkeiten des Kapselgebläseganges herrühren. Außerdem wurde jede Versuchsreihe zweimal durchgeführt. Ferner geschah die Druckablesung (mit wenigen Ausnahmen, bei denen eine kleine Korrektur, weniger als 1%, im Verhältnis des Quadrates der Tourenzahl angebracht wurde) stets bei derselben Tachometeranzeige.

Bei den Versuchen 1 und 2 wurde der Luftstrom in das Versuchsrohr gedrückt, bei 3 und 4 durch dasselbe angesaugt.

Auf den interessanten Druckverlauf an der Eintrittsstelle beim Ansaugeversuch infolge beträchtlicher Erhöhung der Geschwindigkeit durch Kontraktion sei kurz hingewiesen.

Durch diese Versuche werden die Darlegungen von Krell über die Unsicherheit der Messungen mittels Wandbohrungen durchaus bestätigt. Diese Meßweise erscheint nur bei großem $\Delta p/w^2$ zulässig, dürfte sich aber nicht eignen für eine allgemein verwendbare Meßvorrichtung, die mit möglichst geringem Druckabfall auskommen muß.

2. Versuche über den Druckverlauf an der Rohrwandung in der Nähe der Verengung.

Hierzu diente das Versuchsrohr (S. 46, Fig. 6, s. a. S. 84, Fig. 33) von 392 mm l. W. mit einer Drosselscheibe von 284 mm l. W. In Abständen von je 30 mm waren 10 Druckmeßröhrchen normal zur Wandung und glatt mit ihr abschneidend mit ganz schwach abgerundeten Kanten sorgfältig angelötet.

Bei Versuch A (Fig. 6) mit kleinster Geschwindigkeit wurde zur Erzeugung eines konstanten Luftstromes der 30 cbm-Gasbehälter, für Versuche B und C der Sirokko-Ventilator mit Kontrollscheibe verwandt. Es wurden die Einzeldrücke sowie zur Kontrolle unabhängig davon die Druckdifferenzen zwischen Röhrchen mit gleicher Entfernung von der Scheibe gemessen.

Die graphische Auftragung der gemessenen Drücke (die Rohrwand ist Nullinie) gibt ein deutliches Bild des Druckverlaufes. Die Uebereinstimmung der Messungen ist trotz der Verschiedenheit der Versuchsanordnungen (bei Versuch A befindet sich die Verengung im Druckstrom, bei B und C im Saugstrom) recht befriedigend.

Zur Beurteilung des eigenartigen Druckverlaufes ist zu beachten, daß im geraden Rohr von konstantem Querschnitt der innere Druck in der Stromrichtung stets abnimmt, entsprechend dem proportional der Rohrlänge wachsenden Reibungsverlust. Dieser Vorgang zeigt sich bei den ersten Röhrchen auf der Druckseite links (besonders deutlich bei Versuch B und C), die demnach noch außerhalb der Einflußzone der Verengung liegen.

Von Röhrchen 6 an, also in einer Entfernung von der Drosselscheibe etwa gleich der doppelten Scheibenrandbreite, steigt der Druck bis zur Verengung entsprechend der allmählichen Steigerung der stauenden Wirkung der Drosselscheibe mit der Zunahme der Strömungsgeschwindigkeit des Luftstrahls.

Hinter der Drosselscheibe sinkt der Druck zuerst etwas, da die Strahlgeschwindigkeit bis zur völligen Ausbildung der Kontraktion hinter der Verengung zunimmt und wächst dann entsprechend der Verringerung der Geschwindigkeit des sich allmählich ausbreitenden Strahles.

Dies Wachsen dürfte sich fortsetzen bis zu dem Punkt, an welchem normale Geschwindigkeitsverteilung eingetreten ist (vgl. Fig. 5, Versuch Nr. 3 u. 4). An diesem Punkte, dem Ende der Einflußzone, der nach später zu besprechenden Versuchen in mindestens 8 D Entfernung zu suchen ist, wird wieder das normale Fallen beginnen.

Die Druckdifferenz, an gleich weit von der Verengung abstehenden Röhrchen gemessen, weist ein unregelmäßiges Steigen auf.

Die schnelle Druckänderung an der Wandung in der Einflußzone der Drosselscheibe, die sich aus diesen Versuchen ergibt, läßt auf lebhafte Luftbewegung der Wand entlang (und zwar der Richtung des Hauptstromes entgegengesetzt) schließen. Es sind demnach bei Anordnung der Druckmeßöffnungen in der Wandung in der Nähe der Drosselscheibe, ganz besonders auf der Druckseite, starke Beeinflussungen durch zufällige Geschwindigkeitshöhenbeiträge zu erwarten. Eine solche Anordnung der Meßstellen wäre aber auch schon deshalb verfehlt, weil die schnelle Druckänderung, deren Verlauf von verschiedenen Faktoren, wie Rohrdurchmesser, Breite des Drosselscheibenringes, Stromgeschwindigkeit usw. abhängen dürfte, willkürliche, die Meßvorrichtung komplizierende Bestimmungen über die Entfernung der Meßöffnungen von der Verengung erfordern würde, um eine stets gleichartige Beeinflussung durch den Stau- bzw. Saugdruck zu erhalten.

3. Untersuchung der Druckverhältnisse an der Ecke Rohrwand-Drosselscheibe und auf der Drosselscheibe selbst.

Nach den bisherigen Untersuchungen ist eine Anordnung der Meßöffnungen in der Nähe der Drosselscheibe zu fordern, eine Anordnung an der Wandung aber, auch innerhalb der Einflußzone des Staurandes, nicht zulässig. Demnach bleiben als Möglichkeiten: Anordnung der Meßöffnungen in der Ecke, die durch die Rohrwandung und den Rand der Drosselscheibe gebildet wird oder auf der Drosselscheibe selbst. Die folgenden Untersuchungen erstrecken sich daher auf diese Arten der Anordnung.

Es wurde mit den Versuchen Tafel 1 B an verschiedenartig in der Ecke angeordneten Meßröhrchen begonnen, die zu dem interessanten Resultat führten, daß die Druckmessung auf der Scheibe selbst um 6 bis 8% höhere Werte ergibt, als die Messung an der Rohrwand. Die der größten Geschwindigkeit im verengten Querschnitt entsprechenden Stau- und Saugdrücke treten erst auf der Scheibe voll in Erscheinung.

Zur Untersuchung der Strömungsverhältnisse der Scheibe entlang diente die Ermittlung der Druckverteilung über die Drosselscheibe durch Versuche Tafel 3 und 4.

Am Ende einer Leitung von etwa 3 m Länge mit mehreren Beruhigungssieben aus Drahtgewebe befand sich die Versuchsscheibe mit den radial (etwas spiralig) auf beiden Seiten angeordneten Druckmeßröhrchen (Tafel 29). Um die Leitungsschläuche rasch an- und absetzen zu können, mußte die Scheibe am Ende der Leitung sitzen; daher geben die gemessenen Drücke, insbesondere die auf der Saugseite, nur ein Bild des allgemeinen Verlaufes, entsprechen aber der Größe nach nicht den Drücken, die bei einer im fortlaufenden Rohr angebrachten Drosselscheibe auftreten würden.

Den konstanten Luftstrom erzeugte, wie früher beschrieben, das Encke-Gebläse.

Die Versuche ergaben (im Gegensatz zu den früheren Messungen an der Rohrwand) einen überraschend regelmäßigen Verlauf der Druckänderung (S. 47 bis 49, Tabelle 1, und S. 50, Fig. 7).

Stau- und Saugdrücke wurden gleichzeitig gemessen; von letzteren sind nur einige graphisch wiedergegeben, da sie wegen ihrer Kleinheit — mangels geeigneter Instrumente zur Zeit der Vornahme dieser Vorversuche — nicht genau genug gemessen werden konnten.

Das wichtigste Ergebnis ist die Feststellung der Konstanz des Druckes auf dem Scheibenrand von der Rohrwand bis fast zur Scheibenrandmitte, selbst bei einem β von 0,79.

Hieraus ist mit Sicherheit zu schließen, daß radiale Strömungen und daher zufällige Geschwindigkeitseinflüsse am äußeren Scheibenrand kaum auftreten.

Dies wird durch die gute Uebereinstimmung der Messungen und den regelmäßigen Verlauf der Druckkurve bestätigt, wobei noch hervorzuheben ist, daß die Röhrchen sehr nahe aneinander saßen und keineswegs mit besonderer Sorgfalt eingesetzt waren, z. B. konnten Lötwulst und durchtretendes Röhrchenende wegen der Haltbarkeit nicht völlig entfernt werden.

Ein weiteres interessantes Ergebnis ist, daß sämtliche Druckmessungen bei einer Geschwindigkeit mit den entsprechenden bei einer anderen in konstantem Verhältnis stehen, und daß dieses Verhältnis gut übereinstimmt mit einer Potenz von w_0, die bei $\beta = 0{,}147$ und $\beta = 0{,}366$ nur wenig über 2, nämlich 2,04, bei $\beta = 0{,}795$ 2,2 beträgt.

Von besonderem Interesse ist, daß selbst bei letzterem β, d. h. einer Randbreite von nur 21,5 mm und einem inneren Scheibendurchmesser von 349 mm, der Druckverlauf auf dem Rande gerade so regelmäßig ist, wie bei den Oeffnungen mit kleinerem β.

Der gleichmäßige Verlauf des Druckes und die gute Uebereinstimmung der einzelnen Versuchsreihen regte dazu an, wenigstens für den radialen Verlauf des Staudruckes d' (für $\gamma = 1$ und $w_0 = 1$) eine analytische Beziehung aufzustellen.

Es zeigte sich, daß die log log $(d'_{max} + 1 - d')$ und log $\frac{x}{b}$ überraschend genau auf einer Geraden liegen; demnach läßt sich mit sehr befriedigendem Anschluß an die Versuchswerte aufstellen

$$d'_{max} + 1 - d' = e^{\varkappa \left(\frac{x}{b}\right)^{\nu}}.$$

Die Koeffizienten $\varkappa$ und ν ändern sich mit β, $\varkappa$ nimmt zuerst sehr langsam, später schneller, ν ziemlich gleichmäßig mit wachsendem β ab.

Für $\frac{x}{b} = 0$ wird $d' = d'_{max}$; für $\frac{x}{b} = 1$ wird $d' = d'_{max} + 1 - e^{\varkappa}$ also > 0.

Die Druckverhältnisse sind völlig analog der von Recknagel (Lit.-Verz. 18) ermittelten Druckverteilung auf einer Stauscheibe. Bei der Recknagel'schen Stauscheibe tritt das Druckmaximum im Zentrum auf, beim Drosselrand an der Wandung.

In beiden Fällen besteht der Staudruck aus dem inneren oder hydrodynamischen Druck und der Geschwindigkeitsdruckhöhe des Stromes; der Beitrag der letzteren wird gegen den Rand der Stauscheibe bzw. den inneren Umfang der Drosselscheibe hin kleiner, vielleicht schließlich $\gtreqless$ 0*).

D. Ergebnisse.

Ein Vergleich der verschiedenen Anordnungsmöglichkeiten der Druckmeßöffnungen spricht zugunsten einer Anordnung der Meßöffnungen auf der Scheibe selbst, in der Nähe der Wandung. Zufällige Geschwindigkeitshöhenbeiträge sind an dieser Stelle praktisch gleich Null, so daß eine große, ohne besondere Vorsicht angebrachte Meßöffnung eine zuverlässige Druckmessung gewährleistet. Diese Art der Gefällmessung, die eine Analogie zu der von Krell eingeführten, gleichzeitigen Druckdifferenzmessung an der Recknagelschen Stauscheibe bildet, dürfte daher den Vorzug vor der Messung an beliebiger Stelle der Rohrwand verdienen.

Der Unterschied zwischen dieser Meßweise und der bisher üblichen Messung in größerem Abstand von der Scheibe an der Rohrwand läßt sich dahin präzisieren, daß bei letzterer die Messung der rein hydrodynamischen Druckdifferenz $p_1 - p_2$ angestrebt wird, daß diese Messung aber infolge der unbekannten Aenderung von p über den Querschnitt kein richtiges Bild vom mittleren inneren Druck gibt und meist durch unkontrollierbare Geschwindigkeitshöhenbeiträge und durch schwierig zu ermittelndes Reibungsgefälle beeinflußt wird; daß dagegen mit zwei die Rohrwand tangierenden Meßstellen auf der Drosselscheibe selbst, Staudruck und Saugdruck analog der Recknagel'schen Stauscheibe, also $p_1 - p_2$ plus einem bestimmten von Zufälligkeiten und störenden Einflüssen unabhängigen Beitrag der Geschwindigkeitshöhe des Luftstromes in der Verengung gemessen wird.

Schließlich sei noch auf den praktischen Vorteil hingewiesen, daß bei dem vorgeschlagenen Verfahren das Maximum der Druckdifferenz **) gemessen wird, die benötigten Koeffizienten daher kleinste Werte sind, was für die Genauigkeit der Messung nur erwünscht sein kann.

---

*) Recknagel (Lit. Nr. 18) stellte für den Staudruckverlauf auf einer Stauscheibe mit Radius b für d' auf Ringelement mit Radius x die Beziehung auf

$$d' = d'_{max}\left[1 - 0{,}39\left(\frac{x}{b}\right)^2 + 0{,}734\left(\frac{x}{b}\right)^4 - 1{,}15\left(\frac{x}{b}\right)^6\right].$$

Auch in der Recknagel'schen Beziehung erhält der Randdruck einen Wert > 0, nämlich $0{,}154\ d'_{max}$.

**) Eine Einrichtung, die den Staudruck in der Nähe der Wandung, den Saugdruck in der Nähe des inneren Randes mißt, würde ein noch größeres Druckgefälle zur Verfügung haben. Abgesehen von der schwierigeren konstruktiven Ausführung und Instandhaltung, läßt die schnelle Aenderung des Saugdruckes mit der radialen Entfernung vom inneren Rand diese Anordnung der Meßstellen nicht als empfehlenswert erscheinen. Es wären sekundäre, von der Art der Ausbildung der Meßöffnung abhängige Geschwindigkeitshöhenbeiträge zu befürchten, ferner wären über die Entfernung der Meßstellen von der Rohrwand bestimmte Regeln aufzustellen. Außerdem wären die Koeffizienten der Meßvorrichtung in hohem Maße von der Genauigkeit der Herstellung abhängig.

2. Abschnitt.

Beeinflussung der Höhe des Druckgefälles durch die Leitungsbeschaffenheit vor und hinter der Drosselscheibe.

A. Allgemeines.

Während im ersten Abschnitt eine normale Geschwindigkeitsverteilung über den Querschnitt vor der Verengung vorausgesetzt wurde, behandeln die Abschnitte 2 und 3 den Einfluß einer abnormalen Geschwindigkeitsverteilung auf die Gefällemessung. Bei normaler Geschwindigkeitsverteilung entsteht durch achsiales Auftragen in jedem Punkt der Ebene eines Rohrquerschnittes eine schwach gekrümmte angenähert paraboloidische Fläche *), deren Achse mit der Rohrachse zusammenfällt.

Diese normale Verteilung der Stromgeschwindigkeit bildet sich, wie schon im ersten Abschnitt erwähnt, nur in geraden, glatten Rohrleitungen von genügender Länge aus. In Betriebsrohrleitungen weist die Geschwindigkeitsfläche fast immer Unregelmäßigkeiten, wie Spitzen oder einseitige Hügel, auf, die von Querschnitts- oder Richtungsänderungen der Leitung herrühren.

Der Einfluß derartiger abnormaler Strömungsverhältnisse auf die Gefällemessung kann sich in zweierlei Weise geltend machen:

1. Es wird die Größe des Gefälles verändert.
2. Es wird die Zuverlässigkeit der Druckdifferenzmessung beeinflußt.

Beide Störungsformen pflegen gleichzeitig aufzutreten. Es empfiehlt sich aber, dieselben der Uebersichtlichkeit halber getrennt zu behandeln. Im vorliegenden Abschnitt 2 wird die erste Störungsform, in Abschnitt 3 die zweite erörtert werden.

Inwiefern die Höhe des Druckgefälles durch abnormale Geschwindigkeitsverteilung beeinflußt wird, erhellt am deutlichsten aus der Betrachtung der Grenzfälle.

Das Druckgefälle ist abhängig von der Summe der Bewegungsänderungen aller Gasstromteilchen.

Diese Bewegungsänderung wird gleich Null, wenn ein von den Wandungen gelöster zentraler Luftstrahl eine genügend weite Drosselöffnung passiert.

Das Maximum der Bewegungsänderung tritt ein, wenn vor der Verengung an allen Punkten des Querschnittes die Geschwindigkeit gleich groß, die Verteilungsfläche also eine Ebene ist, und wenn sich hinter der Verengung das Maximum der Strahlkontraktion ausbildet.

Im ersten Grenzfall ergibt sich das Druckgefälle gleich Null oder bei rückläufiger Strömung am Rohrumfang negativ. Im zweiten Grenzfall nimmt das Druckgefälle den größten Wert an.

Als normales Druckgefälle ist dasjenige zu bezeichnen, das bei normaler Geschwindigkeitsverteilung vor der Drosselung und bei normaler Kontraktion hinter derselben auftritt.

Dieser normale Zustand kann sich in vollkommener Weise nur bei unendlich langen, geraden und glatten Rohrleitungen mit konstantem Querschnitt vor und hinter der Verengung ausbilden.

Für die Benutzung einer Drosselscheibe als Meßgerät ist es nun von Wichtigkeit, zu wissen, bis zu welchem Grade die Gefällhöhe durch die bei Betriebsrohrleitungen unvermeidlichen mehr oder minder großen Abweichungen von diesem Idealzustand beeinflußt wird, insbesondere auf welche Entfernung vor und hinter der Drosselscheibe eine gerade und glatte Rohrleitung von

*) Bei geordneter Bewegung (Poiseuillescher Strömung) entspricht die Geschwindigkeitsverteilung genau einem Paraboloid. Bei der hier nur in Frage kommenden turbulenten Bewegung verläuft die „Erzeugungskurve" der Rotationsfläche in der Rohrmitte im allgemeinen flacher.

konstantem Querschnitt zur Erzielung einer genügend genauen Messung erforderlich ist.

Diese Fragen erheben sich z. B. bei der Prüfung von Ventilatoren oder bei Laboratoriumsuntersuchungen, wo es mit Rücksicht auf die Kosten und den zur Verfügung stehenden Raum erwünscht ist, mit möglichst kurzen Rohrleitungen auszukommen; ferner beim Einbau von Meßeinrichtungen in bestehende Anlagen, wobei man häufig die Nähe von Abzweigungen, Regulierorganen, Krümmern usw. nicht vermeiden kann. Vielfach will man die Drosselscheibe in eine Rohrerweiterung verlegen, um mit möglichst geringer Vermehrung der Leitungswiderstände auszukommen, häufig kann man die Meßscheibe nur an einen Leitungsanfang oder an ein Leitungsende anschließen.

In allen solchen Fällen muß man die an die Rohrbeschaffenheit vor und hinter der Meßscheibe zu stellenden Anforderungen kennen, um Meßfehler zu vermeiden.

Zur Untersuchung der Gefällebeeinflussung durch die Leitungsbeschaffenheit schienen sich zwei Wege zu bieten:

1. Punktweise Ermittlung der Geschwindigkeitsverhältnisse vor und hinter der Drosselscheibe.
2. Direkte Messung der Druckdifferenz.

Mit ersterem Verfahren wurde begonnen, da dasselbe einen tieferen Einblick in manche Strömungsvorgänge erwarten ließ. Dasselbe benötigte aber eine unverhältnismäßig große Anzahl zeitraubender und wegen der Schwierigkeit der Erzielung völliger Konstanz der Strömungsverhältnisse hinsichtlich Zuverlässigkeit nicht recht befriedigender Einzelmessungen. Es wurde daher recht bald zum zweiten Verfahren übergegangen, das sich als wesentlich einfacher und übersichtlicher erwies und den großen Vorzug hatte, selbsttätig alle für das praktisch wichtige Resultat maßgebenden Faktoren entsprechend ihrem Einfluß zu berücksichtigen und daher direkt praktisch verwertbare Ergebnisse zu zeitigen.

B. Versuche über den Einfluß der Leitungsbeschaffenheit vor dem Staurande auf das Gefälle.

Es wurde mit der Untersuchung der Geschwindigkeitsverteilung hinter einer Kontraktion begonnen, da von der hierbei auftretenden zentralen Strahlbildung die stärkste Beeinflussung des Gefälles zu erwarten war und gerade dieser Fall, Anordnung der Drosselscheibe in einer Rohrerweiterung, bzw. hinter einer Rohrabzweigung von einem weiteren Rohrstrang oder an der Einmündung aus einem weiten Raum besonders praktische Wichtigkeit hat.

In einem geraden zylindrischen Rohr von 400 mm l. W., S. 45, Fig. 3 u. 4, wurde in verschiedenen Entfernungen von der scharf abgesetzten Eintrittsöffnung aus weitem Raum die Verteilung der Geschwindigkeit über einen vertikalen Durchmesser durch punktweise Aufnahme der Geschwindigkeitshöhenkurven $\frac{u^2}{2g}$ mittels Stauscheibe bestimmt, und aus dieser die $uD\pi$-Kurve, d. h. die Kurve der Beiträge der einzelnen Ringflächenelemente zur Gesamtlieferung, abgeleitet *).

Denkt man sich nun einen Drosselrand nacheinander an den Meßstellen I, II und III eingesetzt, so gibt der mehr oder minder große Prozentsatz der

*) Die Zeichnung einer exakten $uD\pi$-Kurve ist nur möglich, wenn die Geschwindigkeitsverteilung streng symmetrisch zur Rohrachse ist. Dies war hier nicht der Fall, wie das Bild zeigt, hat die Geschwindigkeitsfläche auch noch an der Meßstelle II eine exzentrisch (bei der Versuchsanordnung nach oben) verschobene Spitze, die von der Einwirkung des etwa 400 mm vom unteren Rand des Rohres entfernten Fußbodens herrührt. Erst an der Meßstelle III hat sich diese einseitige Spitze ausgeglichen.

durch den Rand abgeblendeten uDπ-Fläche einen guten Maßstab für die Größe der erzwungenen Bewegungsänderung an jeder Meßstelle. Ein Drosselrand von nur 12 mm Breite (im Maßstab der Figur 1 mm) würde z. B. an Stelle I kaum Veranlassung zu Bewegungsänderungen geben. An einem Drosselrand von 12 mm Breite würde daher an Stelle I nur eine sehr geringe Druckdifferenz gemessen werden. An der Meßstelle II würde sich die Druckdifferenz beträchtlich größer ergeben, aber erst an Stelle III dem Wert nahe kommen, der normaler Geschwindigkeitsverteilung entspricht.

Diese Erwägungen werden durch die nachfolgenden Versuche bestätigt. Bei diesen befand sich die Versuchsscheibe in der Ventilatorsaugleitung in einer Entfernung von etwa 3 D vor der trichterförmigen Verengung am Saugstutzen des Ventilators; in der Druckleitung des Ventilators war die „Kontrollscheibe" mit den erforderlichen Sieben eingebaut. Die Rohrleitung vor der Versuchsscheibe wurde in verschiedenen Abstufungen durch Ansetzen von einzelnen Schüssen in den Grenzen von L = D bis L = ca. 10 D verlängert und bei stets gleicher Lieferung (d. h. Anzeige des Manometers der Kontrollscheibe) das Gefälle an der Versuchsscheibe gemessen. Tabellen 2 u. 3 sowie Schaubilder 8 bis 12 zeigen die Aenderungen der Einzeldrücke und der Druckdifferenz mit der Vorsatzrohrlänge an einem 18 mm und einem 56 mm breiten Drosselrand bei verschiedenen Stromgeschwindigkeiten.

Die Einzeldrücke sind, da in der Saugleitung des Ventilators gemessen, negativ, der Differenzdruck ist im allgemeinen positiv.

Der letztere verläuft bei allen Versuchen in gleicher Weise: bei kurzer Vorsatzrohrlänge mit einem kleinsten Wert beginnend, schnell ansteigend bis zu einem bei größeren Geschwindigkeiten schwach ausgeprägten Maximum, dann langsam bis auf einen konstanten Wert abnehmend. Letzterer scheint bei allen Versuchen mit Geschwindigkeiten zwischen 0,8 und 6 m/sec bei einer Vorsatzrohrlänge von 8 bis 10 D erreicht zu werden. Es ist dies der Fall sowohl hinter einer normalen Strahlkontraktion beim Eintritt in das scharf abgesetzte, dünnwandige Blechrohr aus dem freien Raum (Tabelle 2 u. 3A), als auch hinter einer künstlichen Vergrößerung der Eintrittskontraktion durch Ansetzen einer trichterförmigen Verengung von etwa dem halben Rohrdurchmesser (Tabelle 3 B). Dies Ergebnis ist für die Verwendbarkeit des Drosselrandes als Meßeinrichtung hinter Rohrerweiterungen oder Verengungen von größter Wichtigkeit.

Die Minderanzeige bei zu kurzer Vorsatzrohrlänge erklärt sich durch die eingangs dieses Abschnittes besprochene geringe Drosselwirkung, die ein von den Wandungen gelöster Strahl erleidet. Auch die Umkehr des Vorzeichens des Differenzdruckes tritt bei den Versuchen (Fig. 8, 9 u. 11) mit kurzer Vorsatzrohrlänge von ca. 0,5 D sehr schön in Erscheinung. Die besonders bei der geringen Geschwindigkeit von 0,8 m/sec deutlich erkennbare vorübergehende Steigerung des Differenzdruckes bei etwa 3 D läßt auf eine wellenbauchartige Expansion des Strahles in dieser Zone schließen.

Den indirekten Nachweis, daß die Veränderung der Gefällemessung auf die Eintrittskontraktion zurückzuführen ist, bringen Versuche (Tabelle 4 u. 5), bei denen die Eintrittskontraktion durch Vorschaltung eines Siebes (vgl. S. 9) aufgehoben wurde. Durch Veränderung der Entfernung des Siebes von der Drosselscheibe bei konstanter Vorsatzrohrlänge wurde des weiteren der Nachweis erbracht, daß mit zunehmender Gleichförmigkeit der Geschwindigkeitsverteilung bei Annäherung an das Sieb die Druckdifferenz größer wird. Siebe oder ähnliche die Gleichförmigkeit der Geschwindigkeitsverteilung vergrößernde Einrichtungen sind daher in genügender Entfernung vor Meßscheiben anzubringen; nach vorliegenden Versuchen ist ein Mindestabstand von 2 bis 3 D erforderlich.

Der Verlauf der Einzeldrücke, die zur Kontrolle stets mitgemessen wurden, ist weniger einfach. Beim schmalen Staurand ändert sich der Stauseitendruck ähnlich wie die Druckdifferenz. Die Saugseitenkurve zeigt bei einer Vorsatzrohrlänge von etwa 3 D ein deutliches Maximum.

Beim breiteren Staurand verlaufen beide Kurven wellenförmig. Auch bei den Einzeldrücken scheint mit einer Vorsatzrohrlänge von etwa 8 D Beharrungszustand einzutreten. Entsprechend der Zunahme des vorgeschalteten Rohrreibungswiderstandes tritt an dieser Stelle ein gleichmäßiges Fallen der Einzeldrücke ein *).

C. Einfluß der Leitungsbeschaffenheit hinter der Drosselscheibe auf das Gefälle.

Es ist zu erwarten, daß die Leitungsbeschaffenheit hinter der Drosselscheibe die Größe des Gefälles beeinflußt, da sowohl die Kontraktion wie die Depression im Wirbelraum hinter der Drosselscheibe von der Leitungsbeschaffenheit abhängig sind. Die Versuche (Tabellen 6 u. 7) zeigen, daß in der Tat eine erhebliche Beeinflussung des Gefälles durch die Ausbildung der Rohrleitung hinter der Meßscheibe stattfindet.

Der Differenzdruck wird bei kleiner Nachsatzrohrlänge von etwa $^1/_2$ D wesentlich zu klein gemessen. Derselbe steigt mit wachsender Nachsatzrohrlänge, erreicht ein Maximum bei etwa 2 bis 3 D und fällt dann langsam, um von etwa 6 D an auf einem mit der Kontrollscheibenmessung übereinstimmenden Wert zu beharren (Tabelle 6 A).

Für die Benutzung von Meßscheiben an Rohrenden, die ins Freie münden — ein Fall von besonderer, praktischer Wichtigkeit —, ergibt sich hiernach die Regel, daß hinter der Scheibe ein gerades Rohrstück von mindestens 6 D Länge anzuordnen ist.

Zur Kontrolle wurden wieder die Einzeldrücke gemessen, deren Verlauf eine unerwartet große Veränderlichkeit zeigt. Bei sehr kleiner Nachsatzrohrlänge herrscht auf der Saugseite ein schwacher Ueberdruck, bei etwa 0,5 D Nachsatzrohrlänge geht die Saugdruckkurve durch Null, bei weiterer Verlängerung des Nachsatzrohres sinkt der Saugseitendruck zuerst schnell, dann langsamer. Bei genügender Nachsatzrohrlänge ist ein gleichmäßiges Steigen proportional der Vergrößerung des nachgeschalteten Rohrreibungswiderstandes zu erwarten. Dieser Punkt wurde mit etwa 8 D Nachsatzrohrlänge scheinbar noch nicht erreicht.

Dem Saugseitendruck korrespondierend weist der Staudruck zuerst ein starkes, später langsamer werdendes Fallen auf. Es ist anzunehmen, daß völlige Konstanz des Differenzdruckes mit Erreichung des Punktes eintritt, an dem die Einzeldrücke in gleichmäßiges Steigen übergehen. Schätzungsweise dürfte diese völlige Ausgleichung der Geschwindigkeitsverteilung bei etwa 10 bis 12 D Nachsatzrohrlänge eintreten.

Von wesentlicher, praktischer Bedeutung und von nicht geringem Interesse ist wieder der Einfluß eines Siebes (Tabelle 6 B). Bei einem Abstand zwischen Sieb und Drosselscheibe von etwa 2,5 D und mehr tritt infolge der Siebwirkung eine völlige Stabilisierung der Einzeldrücke und des Differenzdruckes ein. Das Sieb wirkt demnach in derselben Weise, wie eine lange Rohrleitung.

Bei größerer Annäherung des Siebes zeigt sich eine merkwürdige Erhöhung des Differenzdruckes sowie der Einzeldrücke, die sich vielleicht durch Erstreckung der Stauwirkung des Siebes bis vor die Drosselscheibe erklären läßt.

---

*) Es sei hier nur kurz darauf hingewiesen, daß diese Aenderung der Staurand-Einzeldrücke mit wachsender Vorsatzrohrlänge eine sehr exakte Bestimmung von Rohrleitungswiderständen ermöglichen dürfte.

Von wesentlicher, praktischer Wichtigkeit war die Untersuchung des Einflusses von Formstücken hinter der Drosselscheibe, die nach Tabelle 7 durchgeführt wurde. In einer Entfernung von 265 mm gleich ca. $^2/_3$ D hinter der Versuchsscheibe wurden nacheinander drei Drosselöffnungen von 200, 236 und 340 mm Weite, ferner ein Krümmer und ein T-Stück angesetzt.

Bei den Versuchsreihen 1 bis 6 wird die Differenz an der Versuchsscheibe zu klein gemessen, am geringsten bei der stärksten Verengung von 200 mm Durchmesser. Mit Abnahme der Stauung nähert sich die Differenzmessung dem richtigen Wert. Erst beim T-Stück mit offenem Abgang und Durchgang ergibt sich ein der Kontrollscheibenmessung entsprechender Wert.

Als praktisch wichtiges Ergebnis für die Rohrausbildung hinter dem Staurand läßt sich aus diesen Versuchen entnehmen, daß eine sehr große Rohrlänge hinter dem Staurand zur völligen Erreichung normaler Kontraktions- und Depressionsverhältnisse erforderlich ist (schätzungsweise mindestens 12 D), daß aber bei größeren Stromgeschwindigkeiten bei einer Rohrlänge von etwa 6 D zwischen Staurand und einer Querschnittserweiterung eine praktisch ausreichende Konstanz des Gefälles eintritt, ferner daß Formstücke und Verengungen wie eine längere gerade Rohrleitung wirken, aber erst in einer Entfernung von etwa 3 D hinter der Meßscheibe angeordnet werden dürfen.

D. Beeinflussung des Gefälles durch die Wandungsbeschaffenheit und eine Rotationsbewegung des Gasstromes.

Auf die Geschwindigkeitsverteilung über den Querschnitt einer Leitung können außer der Gestalt der Rohrleitung auch noch die Wandungsbeschaffenheit, der „Rauhigkeitsgrad der Wandung“, sowie die insbesondere von Krell nachgewiesene mehr oder minder lebhafte Rotationsbewegung des Stromes von Einfluß sein. Zu den vorbesprochenen Versuchen wurden lediglich glatte Zinkblechrohre ohne Einrichtungen zur Beeinflussung der Stromrotation benutzt. Die beabsichtigte weitere Ausdehnung der Versuche auf Leitungen mit verschiedenem Rauhigkeitsgrad der Wandungen und mit Einrichtungen zur Verstärkung oder Abschwächung der Rotationsbewegung mußte mit Rücksicht auf zur Verfügung stehende Mittel und Zeit unterbleiben.

Mit der Rauhigkeitsziffer der Wandung wird die Ungleichförmigkeit der Geschwindigkeitsverteilung zu- und damit das Gefälle abnehmen.

Eine Zunahme der Rotation dürfte eine Vergrößerung des Gefälles verursachen.

Der Einfluß beider Faktoren dürfte aber bei den meisten praktisch wichtigen Leitungsverhältnissen gegenüber dem Einfluß der Leitungsausbildung zurücktreten und bei üblichen Blech-, Guß- und auch wohl glatt verputzten, gemauerten Leitungen innerhalb der später zu erörternden Meßfehlergrenzen bleiben.

---

3. Abschnitt.

Beeinflussung der Druckgefällemessung durch exzentrische Geschwindigkeitsverteilung.

A. Allgemeines.

Neben der im vorigen Abschnitt behandelten Beeinflussung der Größe des Gefälles durch abnormale, aber noch als symmetrisch zur Rohrachse vorausgesetzte Geschwindigkeitsverteilung war als zweite wichtige Störungsform die Beeinflussung der Druckmessung an der Drosselscheibe durch exzentrische Geschwindigkeitsverteilung erkannt worden.

Bei einer zur Rohrachse symmetrischen Geschwindigkeitsverteilung wird der Gasstrom an jeder Stelle der Drosselscheibe in derselben Weise gestaut und abgelenkt. Es wird daher an jeder Stelle des Umfanges die gleiche Druckdifferenz gemessen.

Bei unsymmetrischer Geschwindigkeitsverteilung wird dagegen der Gasstrom auf einer Stelle des Scheibenrandes am stärksten, auf der gegenüberliegenden am wenigsten gestaut. Ein stark exzentrischer Gasstrahl, wie er etwa hinter einem halbgeöffneten Schieber oder hinter einer scharfen Rohrbiegung entsteht, wird den Scheibenring unter Umständen nur an einer Stelle treffen. An der getroffenen Stelle wird eine besonders große positive Druckdifferenz gemessen werden, an der gegenüberliegenden eine wesentlich geringere, vielleicht sogar eine negative Druckdifferenz.

Die Größe dieses Einflusses sowie Einrichtungen zur Behebung desselben werden im vorliegenden Abschnitt behandelt.

B. Versuche.

Entsprechend dem Untersuchungsgang des vorigen Abschnittes wurde zuerst die Ausdehnung der Einflußzone hinter partiellen Drosselungen auf die Drosselscheibenmessung untersucht.

Der Luftstrom wurde durch einen elektrisch angetriebenen Ventilator erzeugt. Die Versuchsscheibe mit der ihr vorgeschalteten Einrichtung zur Erzeugung des exzentrischen Luftstrahles befand sich in dem einen, die Kontrollscheibe in dem anderen Leitungszweig des Ventilators.

Zur Herstellung des exzentrischen Luftstrahles diente eine Halbkreisblende in einem 3″ Versuchsrohr, die drehbar und in der Rohrlängsachse verschieblich angeordnet war.

In Tabelle 8 und der graphischen Darstellung Fig. 13 u. 14 sind zwei charakteristische Versuchsreihen wiedergegeben. Die Punktreihen 0° stellen die Drücke an derjenigen Meßöffnung auf der Versuchsscheibe dar, die sich in Richtung Mitte der nicht abgeblendeten Rohrhälfte befand, die Punktreihen 180° die Drücke in Richtung Mitte der abgeblendeten Rohrhälfte. Die Halbkreisblende konnte in Entfernungen zwischen etwa D und 8 D vor der Versuchsscheibe eingestellt werden.

Bei allen Versuchen mit verschiedenen Luftstromgeschwindigkeiten, die teilweise mit gewechselten Meßöffnungen wiederholt wurden, zeigten sich die gleichen charakteristischen Verschiedenheiten zwischen den Anzeigen bei 0° und 180°.

In der Nähe der Halbkreisblende ist der Differenzdruck bei Null größer als bei 180°, der Strahl liegt an der nicht abgeblendeten Seite an. Beide Drücke nehmen mit zunehmender Entfernung der Halbkreisblende ab.

Bei etwa 3 D tritt Druckgleichheit ein. Bei größerer Entfernung sinkt der Druck bei 0° unter dem bei 180°. Es findet eine Umlagerung des Strahles auf die Seite der Blende statt. Zwischen etwa 2,5 D und 3,5 D beginnen beide Drücke unter allmählicher Annäherung zu steigen, dieselbe Erscheinung, die bei den Versuchen im Abschnitt 2 beobachtet und auf Vergrößerung der Gleichförmigkeit der Geschwindigkeitsverteilung infolge Ausbreitung des Strahles zurückgeführt wurde.

Nach den Ergebnissen des Abschnittes 2 dürfte Konstanz der Anzeige und die damit zu erwartende Gleichheit beider Drücke erst nach Passieren eines Maximums eintreten. Dieser Punkt wurde bei ca. 8 D Abstand von der Blende noch nicht erreicht.

Während nach den Ermittlungen des vorigen Abschnittes bei zentraler Strahlbildung eine Vorsatzrohrlänge von 6—8 D zur Erzielung praktisch brauchbarer Meßergebnisse genügt, so zeigt sich hier, daß die Benutzung einer einzigen beliebig angeordneten Meßöffnung bei exzentrischer Strahlbildung auch bei Vorsatzrohrlängen von mehr als 6 bis 7 D keine zuverlässige Messung gewährleistet.

Dies bestätigen nachfolgende Versuche mit Vorschaltung von Krümmern und T-Stücken, Tabelle 9, S. 62. Die Unterschiede in den Differenzmessungen an den Stellen 180° und 0° sind recht erheblich. Interessant ist die bei den Versuchen 2 und 3 beobachtete Strahlumlagerung bei Steigerung der Geschwindigkeit von 5,7 auf 8,1 m/sec, sowie die aus Versuchen 1 und 4 sowie 5 und 6 sich ergebende, besonders ungünstige Wirkung eines scharfen Krümmers, ferner die Strahlumlagerung beim Versuch mit dem 390 mm-Rohr, der mit größerer Geschwindigkeit leider nicht wiederholt werden konnte.

Während vorstehende Untersuchungen die Größe des Einflusses exzentrischer Geschwindigkeitsverteilung auf die Gefällemessung dartun, geben Versuche, Tabelle 10, S. 63, und Fig. 15, S. 61, einen Ueberblick über den Verlauf der zirkularen Druckverteilung über einen Drosselrand bei exzentrischer Strahlbildung.

Wie die früheren Versuche, so wurden auch diese, um Zufälligkeiten auszuschalten, mit verschiedenen Meßröhrchenpaaren wiederholt.

Die Veränderung der Winkellage des Meßröhrchenpaares gegen die Halbkreisblende wurde durch Drehen der letzteren um die Rohrachse erzielt. Die Entfernung der Halbkreisblende von der Drosselscheibe und die Windgeschwindigkeit wurden mit Rücksicht auf Erzielung möglichst großer Meßunterschiede gewählt.

Im Kreisdiagramm, Fig. 15, sind die Druckordinaten radial von einem Nullkreis aus, nach außen positiv, nach innen negativ, aufgetragen.

Bei den Versuchen mit geringer Geschwindigkeit wird an den beiden diametralen Hauptpunkten eine Druckdifferenz mit verschiedenem Vorzeichen gemessen.

In Richtung der Halbkreisblendenmitte herrscht auf der Saugseite ein höherer Druck als auf der Druckseite. Die Stellen, an denen die Differenzenkurve durch den Nullkreis geht, liegen bei ca. 120 und 240°. Das Druckdifferenzenmittel dürfte etwa bei 60 und 300° zu suchen sein.

C. Beseitigung des Einflusses ungleichmäßiger zirkularer Druckverteilung über dem Meßrand auf die Gefällemessungen.

Die vorhergehenden Untersuchungen zeigen, daß die in Betriebsrohrleitungen fast stets vorhandene exzentrische Geschwindigkeitsverteilung von bedeutendem Einfluß auf die Drosselscheibenmessung sein kann. Die Beseitigung dieses Einflusses erscheint im Interesse größerer Zuverlässigkeit der Messung und größerer Unabhängigkeit in der Verwendung der Meßscheibe von der Leitungsausbildung dringend erwünscht.

Am einfachsten würden sich Fehler durch Ausführung der Messung an derjenigen Scheibenrandstelle, an der die mittlere Druckdifferenz herrscht, vermeiden lassen, wenn diese Stelle stets mit Zuverlässigkeit bekannt oder in einfacher Weise zu ermitteln wäre.

Beide Voraussetzungen treffen aber im allgemeinen nicht zu, und es ist nicht zu verkennen, daß eine dahingehende Meßvorschrift der persönlichen Willkür des Untersuchenden weiten Spielraum lassen würde.

Dies Verfahren kann daher nur den Wert eines gelegentlichen Aushilfsmittels haben, nicht aber als Grundlage für eine allgemein verwertbare Meßvorrichtung dienen.

Um die Stelle mit mittlerer Druckdifferenz zuverlässig zu bestimmen, ist letztere an zahlreichen Stellen des Scheibenumfanges zu messen.

Ein solches Verfahren, das mehrere, zeitlich hintereinander vorzunehmende Messungen benötigt, würde aber, ähnlich wie die Netzmessung über den ganzen Querschnitt, die völlige Gleichmäßigkeit des Gasstromes bedingen, was bei Betriebsrohrleitungen wohl nie zutrifft (vgl. S. 2).

Eine praktisch brauchbare Meßvorrichtung sollte eine momentane Ablesung des jeweiligen gesamten Strömungszustandes ermöglichen.

Die Notwendigkeit, an mehreren Stellen messen zu müssen, und der Wunsch, alle Messungen gleichzeitig vorzunehmen, führt zu Bemühungen auf Ausbildung einer Einrichtung, die selbsttätig die mittlere Druckdifferenz mißt.

Eine solche Einrichtung hätte den Mittelwert der Druckänderungskurve über den Scheibenumfang anzuzeigen.

Bei einer größeren Anzahl n in gleichen Abständen verteilter Meßöffnungen kann nach der Simpson'schen Regel dieser Mittelwert $p_m = \left(\frac{1}{n}\Sigma_1^n \sqrt{p}\right)^2$ oder $\sqrt{p_m} = \frac{1}{n}\Sigma_1^n \sqrt{p}$ gesetzt werden, woraus als Bedingung für richtige Anzeige der Ausgleichseinrichtung $\Sigma\,(\sqrt{p_m} - \sqrt{p}) = 0$ folgt*).

Der mittels der Ausgleichseinrichtung zu messende Druck p_m ist sehr wenig vom arithmetischen Druckmittel p'_m, für das $\Sigma\,(p'_m - p) = 0$ gilt, verschieden. Selbst bei zwei Werten p_1 und p_2 mit 20% Unterschied differieren p_m und p_m' um nur 0,1%

Zu einer Einrichtung, die selbsttätig das Mittel aus einer Anzahl verschiedener Drucke bildet, führt folgende Ueberlegung:

Werden zwei Räume 1 und 2 mit konstanten Drücken p_1 und p_2 durch eine Leitung mit überall gleichem Strömungswiderstande verbunden, so nimmt in der Richtung des Luftstromes der Druck in der Leitung proportional der durchflossenen Länge von p_1 auf p_2 ab. Wird in der Mitte der Leitung eine Kammer eingeschaltet, so stellt sich in dieser das arithmetische Druckmittel $\frac{p_1 + p_2}{2}$ ein.

An Stelle von Leitungen gleichen Widerstandes treten zweckmäßig ausgeglichene Drosselwiderstände, die in beliebige Zuleitungen von genügend geringem Widerstand eingesetzt werden.

Für zwei Widerstände gilt dann, da mit genügender Annäherung die Strömungswiderstände proportional $\sqrt{p_s - p}$ sind, $p_s - p_1 = \zeta\frac{w^2}{2g} = p_s - p_2$, woraus sich der Druck in der Kammer ebenfalls zu $p_s = \frac{p_1 + p_2}{2}$ ergibt.

Bei zwei Zuleitungen entspricht demnach der Druck in der Ausgleichkammer ohne weiteres dem arithmetischen Mittel; anders ist es bei mehreren Zuleitungen.

Zwischen den einzelnen Druckräumen mit den konstanten Drücken p_1, p_2, p_3 usw. entstehen durch die Ausgleichkammer gehende Luftströme; durch eine Anzahl Anschlüsse strömt Luft in die Kammer ein, dieselbe Menge strömt durch die übrigen Anschlüsse aus, da Widerstände und Querschnitte der Anschlüsse gleich sind, resultiert aus**) $F_e w_e - F_a w_a = 0$; $\Sigma w = 0$ und $\Sigma \pm \sqrt{p_s - p} = 0$.

---

*) Unter der hier genügend genau zutreffenden Annahme, daß die Strömungswiderstände der Wurzel aus $p_1 - p_2$ proportional sind.

**) Für den besonderen Fall mit zwei Zuleitungen wird $\Sigma \pm \sqrt{p_s - p} = \pm\sqrt{p_s - p_1} \pm \sqrt{p_s - p_2} = 0$ oder $p_s - p_1 = -p_s + p_2$, woraus $p_s = \frac{p_1 + p_2}{2}$ folgt.

In einer solchen Ausgleichskammer stellt sich demnach nicht ein Druck ein, von dem $\Sigma(\sqrt{p_m} - \sqrt{p}) = 0$ gilt, wie oben als notwendige Bedingung für die richtige Anzeige gefordert worden war, sondern ein Druck p_s in der Höhe, daß $\Sigma \pm \sqrt{p_s - p} = 0$ wird.

Beide Bedingungen $\Sigma(\sqrt{p_m} - \sqrt{p}) = 0$ und $\Sigma\sqrt{p_s - p} = 0$ und damit die beiden Größen p_m und p_s sind aber bei den vorliegenden Verhältnissen annähernd identisch.

Da es sich nur um kleine Werte $p_m - p$ handelt, weicht p_m vom arithmetischen Mittel nur sehr wenig ab, und dasselbe gilt von p_s. Denn, wie aus Fig. 15, S. 61 hervorgeht, hat man es mit einer zyklisch zwischen einem Minimum und einem Maximum verlaufenden Druckänderung zu tun, wobei stets Paare von p-Werten mit ähnlicher absoluter aber entgegengesetzt gerichteter Abweichung vom Mittelwert p_m vorkommen.

Bei Paaren mit gleichen Beträgen von entgegengesetztem Vorzeichen wird aber p_s genau das arithmetische Mittel.

Eine gerade Anzahl von Meßstellen und Orientierung derselben symmetrisch zur Exzentrizität der Geschwindigkeitsverteilung ist daher wünschenswert.

Nachstehendes recht ungünstig gewähltes Zahlenbeispiel mit prozentualen Druckdifferenzen $p_s - p$ zwischen 0,3 und 0,04 bestätigt diese Ausführungen.

Werden z. B. für $p_s = 1$, also $\sqrt{p_s - p} = \sqrt{1 - p} = \sqrt{\Delta}$, $\sqrt{\Delta_1} = 0{,}5$; $\sqrt{\Delta_2} = 0{,}4$; $\sqrt{\Delta_3} = 0{,}3$; $\sqrt{\Delta_4} = -0{,}55$; $\sqrt{\Delta_5} = -0{,}43$; $\sqrt{\Delta_6} = -0{,}22$ entsprechend $p_1 = 0{,}75$; $p_2 = 0{,}84$; $p_3 = 0{,}91$; $p_4 = 1{,}303$; $p_5 = 1{,}184$; $p_6 = 1{,}043$ angenommen, so wird $\sqrt{p_s} = 1$; $\sqrt{p_m} = 0{,}999$; $\sqrt{p'_m} = 1{,}0025$, der Unterschied zwischen p_s und p_m sowie p'_m ist also sehr klein.

Wie nun die in diesem Abschnitt besprochenen Versuche zeigten, betragen selbst unter möglichst ungünstigen Verhältnissen die größten Druckunterschiede immer nur bis zu ca. 10% des mittleren Druckes (abgesehen vom Versuch Tabelle 10 mit einem so großen β und einer so ungünstigen Anordnung, wie sie praktisch nur selten in Frage kommt), so daß mit Sicherheit auf eine befriedigende Wirkung eines obigen Anforderungen entsprechenden Ausgleichers gerechnet werden kann, was auch durch später zu besprechende praktische Meßversuche hinter Formstücken (S. 27) bestätigt wird.

D. Herstellung und Justierung eines Ausgleichers.

Zwei Ausführungsformen von Ausgleichern zeigt S. 84, Fig. 33, 4 u. 5. Bei dem kleineren Modell „5" wurden vier Röhrchen von ca. 3 mm l. W. und 40 mm Länge in ein Rohr von ca. 10 mm l. W. und 30 mm Länge eingesetzt und die vier Drosselröhrchen sowie das Sammelrohr mit Schlauchtüllen versehen.

Bei dem größeren Modell „4" für 16 Anschlüsse wurden in eine 2"-Gasrohrkappe 16 Schlauchtüllen mit Einsätzen aus gezogenen Messingröhrchen von ca. 2 mm l. W. und 30 mm Länge gleichmäßig über den Umfang verteilt radial eingelötet; die Tülle für den Manometeranschluß wurde in den dicht eingeschraubten Verschlußstopfen eingesetzt.

Die Ausgleichung der Drosselwiderstände geschah durch Veränderung der Länge der eingesetzten Röhrchen, Brechen der Kanten an Ein- und Austrittsöffnungen, oder gelindes Zukneifen der Röhrchen, und wurde auf Grund einer Vergleichung der einzelnen Widerstände miteinander vorgenommen.

Hierbei dienten als Räume konstanten Druckes zwei Kubizierapparate I und II, Tabelle 11 mit Fig. 16, S. 64.

Aus dem Behälter I strömte die Luft durch den Ausgleicher in den Behälter II; das rasche Sinken bzw. Steigen der Behälter wurde dadurch vermieden, daß das schon früher erwähnte Jägergebläse angenähert dieselbe Luftmenge vom Behälter II wieder in den Behälter I zurückförderte.

Wie aus den Spalten 3 und 4 ersichtlich, schwankte der Druck in den Behältern, es trat dieselbe Erscheinung auf, wie S. 7 gelegentlich der Benutzung des 30 cbm - Behälters zur Erzeugung eines stationären Luftstromes besprochen wurde.

Um Fehler infolge etwaiger Druckänderung während der Beobachtung zu vermeiden, waren die drei Manometer der beiden Behälter und des Ausgleichers so nahe zusammen gestellt, daß fast gleichzeitige Ablesung in den Momenten des Beharrungszustandes möglich war; außerdem wurde jede Prüfung mit gewechselter Stromrichtung wiederholt.

Es wurden der Reihe nach je zwei nebeneinander liegende Röhrchen miteinander verglichen; wenn die Widerstände genau gleich waren, zeigte der Ausgleicher das arithmetische Mittel. Die Tabelle läßt erkennen, daß stets kleine Abweichungen vorkommen. Die Uebereinstimmung der + und — Anzeige bei gewechselter Stromrichtung ist recht befriedigend. Bei Stromrichtung 8—9 zeigt der Ausgleicher ca. 10% zu wenig an. Der Widerstand 8 muß daher größer als 9 sein. Der Vergleich 9—10 zeigt, daß $10 > 9$ ist; daraus ergibt sich, daß Widerstand 9 zu klein ist, was nach oben angegebenem Verfahren leicht korrigiert werden konnte.

Da die bei praktischem Gebrauch auszugleichenden Druckunterschiede selten mehr als einige Prozent betragen, ist eine Ungenauigkeit des Ausgleichers selbst von 1 bis 2% ohne Bedeutung.

E. Praktische Erprobung des Ausgleichers.

Wenn auch schon in dem Gelingen der Justierung ein Nachweis für die einwandfreie Funktion lag, so war es doch wünschenswert, die Richtigkeit obiger theoretischer Erwägungen für mehrere Anschlüsse durch praktische Messungen darzutun.

Es standen drei Behälterglocken von genügendem Inhalt zur Verfügung, um einen Versuch mit drei Anschlüssen nach Anordnung Fig. 18 und Tabelle 13, S. 65 machen zu können.

Eine Berechnung der $\sqrt{p_s - p}$ ergibt angenähert gleiche + und — Beträge, so daß sehr angenähert die $\Sigma \sqrt{p_s - p} = 0$ ist.

Die vorhandene Abweichung läßt sich befriedigend durch das unausgesetzte Schwanken des Druckes in den drei Behältern erklären. Infolgedessen konnten die zur Druckmessung verwandten U-Röhrchen auf höchstens $^1/_2$ mm genau abgelesen werden. Eine Aenderung des p^s oder p von $\pm\, ^1/_2$ mm hat aber schon einen großen Einfluß auf die Summe der + oder — $\sqrt{p_s - p}$.

Um das Verfahren auch mit mehreren Anschlüssen zu prüfen, wurde das aus Abschnitt 1, Fig. 5, S. 46 bekannte Versuchsrohr mit 16 Druckmeßröhrchen benutzt (Tabelle 14 und Fig. 19, S. 65). Bei stationärem Luftstrom stellte sich an jeder Meßstelle ein konstanter Druck ein; behufs Vergrößerung der Druckdifferenzen zwischen den einzelnen Anschlußstellen wurden bei den Versuchen 2 bis 4 auf ein langes Messingrohr (S. 84, Fig. 33, 10) in passenden Abständen montierte Widerstände aus Drahtnetz eingesetzt.

Bei den Versuchen 3 und 4 wurde ein ähnlich armiertes Rohrstück mit drei Anschlüssen an der Saugseite des Gebläses hinzugenommen.

Die Resultate der Tabelle 14 sind nicht so gut wie die der Tabelle 13, da die Versuchsschwierigkeiten (Dichtigkeit der Anschlüsse, Konstanz des Luftstromes u. a. m.) mit der Anzahl der abzulesenden Manometer außerordentlich wachsen; immerhin ist die Annäherung der $\Sigma \pm \sqrt{p_s - p}$ an 0 unverkennbar.

F. Zusammenfassung der Ergebnisse.

Die vorstehenden Versuche zeigen, daß eine richtige Bestimmung des Mittels von mehreren in der S. 22 bis 25 beschriebenen Weise auftretenden Einzeldrücken mittels des Ausgleichers möglich ist. Die Anwendung desselben zur gleichzeitigen Messung an verschiedenen Stellen des Scheibenrandumfanges gewährt daher eine beträchtliche Sicherheit gegen zufällige Einflüsse exzentrischer Geschwindigkeitsverteilung und stellt somit eine wertvolle Verbesserung der Meßvorrichtung dar.

In welchem Maße die Anordnung eines Ausgleichers die Anwendbarkeit der Meßvorrichtung erhöht, zeigen Versuche (Tabelle 15, S. 66), bei denen ein Krümmer bzw. T-Stück in verschiedenen Entfernungen vor der Versuchsscheibe angebracht war. Die Resultate stimmen mit denen, die im vorigen Abschnitt an geraden Rohren gewonnen wurden, sehr gut überein. Es zeigt sich, daß die Anwendung des Ausgleichers die Anordnung der Meßscheibe in verhältnismäßig kurzem Abstande hinter Formstücken, Abzweigern usw. ermöglicht. Bei einer geraden Rohrlänge, zwischen Krümmer bzw. T-Stückansatz und Meßscheibe von nur 4 D Länge, kann eine zuverlässige Messung erwartet werden.

Die konstruktive Ausbildung der Meßscheibe mit zahlreichen einzelnen Anschlußröhrchen, und die Verbindung derselben mit getrennten Ausgleichkammern durch besondere Leitungen, bietet Schwierigkeiten. Es liegt nahe, eine Druckmessung auf der ganzen Peripherie gleichzeitig vorzuschlagen.

Dies läßt sich durch die Anordnung zweier der Meßstelle unmittelbar benachbarter weiter Sammelringkanäle, die durch zahlreiche kleinere, gleichzeitig als Ausgleichswiderstände wirkende Bohrungen oder durch einen verhältnismäßig engen Ringkanal von konstanter Weite mit der Stau- bzw. Saugseite verbunden sind, unschwer erreichen. Die Anordnung eines Ringkanales bietet praktische Vorteile hinsichtlich Reinhaltung der Meßvorrichtung bei staubführenden Gasen *).

Für die nachfolgenden Ausführungen schien eine kurze Bezeichnung der vorgeschlagenen Meßvorrichtung, bestehend aus Diaphragma mit Messung des Stau- und Saugdruckes an mehreren Stellen des Umfanges, unter Verwendung einer Drucksammel- und Ausgleichsvorrichtung erwünscht. In Anlehnung an die Recknagel'sche Stauscheibe wurde die Bezeichnung „Staurand" gewählt. In der Tat hat bei schmalem Rande und vielen Meßstellen (S. 84, Fig. 33, 1) die Vorrichtung Aehnlichkeit mit einer fortlaufenden Reihe an der Rohrwand angeordneter Stauscheiben.

---

4. Abschnitt.

Die Luftmessung mit dem 30 cbm-Gasbehälter.

A. Beschreibung der Gasbehälteranlage.

Bevor zur Ermittlung der Abhängigkeit der Beziehung zwischen der Durchflußmenge V und dem gemessenen Gefälle h/γ, $V = f(h/\gamma)$ von F, w und β, d. h. zur Eichung von Staurändern geschritten wurde, war die Einrichtung zur Erzeugung und Messung des zur Eichung erforderlichen Luftstromes eingehend zu prüfen.

---

*) Eine Meßscheibe, gekennzeichnet durch Verwendung zweier ringförmiger Drucksammel- und Ausgleichskammern, von denen jede mittels eines engen Ringkanales mit dem Raum vor bzw. hinter dem Drosselrand so verbunden ist, daß die Oeffnung des Ringkanales auf der Scheibe selbst liegt und die Rohrwand tangiert, sowie die Benutzung von rotierenden Reinigungsvorrichtungen ist unter Patentschutz gestellt.

Zur Erzeugung eines hinreichend genau meßbaren, konstanten Luftstromes von genügender Dauer ist der 30 cbm-Gasbehälter des Maschinenlaboratoriums der Technischen Hochschule zu Aachen besonders geeignet.

Derselbe befindet sich in einem inneren, von starken Mauern gebildeten Winkel des Gebäudes (Fig. 20, S. 67), gegen direkte Sonnenbestrahlung gut geschützt, entfernt von Heizkörpern und Dampfleitungen, die an den äußeren Gebäudewänden angeordnet sind.

Die aus drei überlappt genieteten Schüssen bestehende Glocke wird durch vier Rollenpaare geführt und kann durch vier am Umfang symmetrisch angreifende, veränderliche Gegengewichte gehoben und durch Füllen des als Bassin ausgebildeten Glockendeckels mit Wasser gesenkt werden.

Das zentral im Behälter angeordnete 400 mm-Steigrohr endigt unten in einem 400 mm - Krümmer, an den sich das zur Druckbehältergrube „m" führende 400 mm - Hauptrohr ansetzt. Vom Krümmer führt nach entgegengesetzter Richtung eine kurze 250 mm - Leitung zum Schnellschlußschieber „b".

Für vorliegende Versuche war an den Abschlußflansch des 400 mm-Hauptrohres eine 125 mm - Rohrleitung angeschlossen, die aus der Grube in ca. 800 mm Höhe über Laboratoriumssohle zu der Versuchsleitung und zu dem, zum Aufblasen der herabgesunkenen Glocke dienenden Enckegebläse führte. Mittels biegsamen Metallschlauches und 2" - Druckrohrleitung mit Hahn war der Dom des Hochdruckbehälters „h" von 10 cbm Inhalt mit der 125 mm - Leitung verbunden.

An dem unteren Bodenstutzen des Hochdruckbehälters befindet sich ein Anschluß an die städtische Wasserleitung und ein Auslaßschieber „i". Bei einem Teil der Versuche war letzterer mit dem Auslaßstutzen des in der Grube stehenden 1500 Liter - Meßbehälters „k" verbunden, der mit einem konischen Blechdeckel mit Wasserstandsglas und Druckluftstutzen „l" abgedeckt war.

An den Stellen 1 bis 9 waren (von Cornelius Heinz in Aachen besonders sorgfältig angefertigte) Thermometer angebracht, deren $^1/_2{}^0$-Teilung von ca. 1,5 mm Weite 0,1° mit Sicherheit schätzen ließ.

Beim Vergleich dieser Thermometer mit einem von der Reichsanstalt geeichten Normalthermometer mit 0,1°-Teilung im bewegten Wasserbade zeigten sich zwischen 6 und 22° nur Unterschiede bis zu ca. 0,2°.

B. Die Meßvorrichtungen und ihre Fehlerquellen.

Zur Bestimmung der durch den Staurand fließenden Luftmenge (s. Index für den Staurand, g für die Glocke) gilt:

$$V_s = F_g\, w_g\, \frac{T_s}{T_g}\, \frac{p_g}{p_s} \quad \text{(Bezeichnungen s. Seite 86 und 87).}$$

Hieraus ergeben sich die für Benutzung des Gasbehälters zur Staurandeichung zu ermittelnden Größen:

1. Querschnitt der Glocke, F_g.
2. Geschwindigkeit der Glockenbewegung, w_g.
3. Temperatur t_g der Luft in der Gocke (und t_s am Staurand), wo $273 + t = T$.
4. Ueberdruck in der Glocke (und am Staurand), p_g bzw. p_s.

Dazu kommt die Ermittlung

5. etwaiger Undichtigkeit des Behälters und der Leitungen, sowie der Luftfeuchtigkeit.

Die Einrichtungen zur Messung dieser Größen, die Fehler, welche diesen Messungen anhaften, ihr Einfluß auf das Resultat, sowie die Beseitigung oder Verminderung der Fehler sind Gegenstand dieses Abschnittes.

1. Querschnitt der Glocke.

Die Umfänge der einzelnen zylindrischen Schüsse wurden in Mitte Schußhöhe mittels eines genauen Stahlmeßbandes des Markscheider-Instituts der Technischen Hochschule zu Aachen gemessen, und der äußere Umfang des oberen Schusses im Mittel aus drei Messungen zu 12 902 mm, des mittleren Schusses zu 12 924 mm, des unteren Schusses zu 12 904 mm ermittelt.

Wegen der vertikalen Versteifungs-U-Eisen am äußeren Mantel der Glocke konnte das Bandmaß nicht um den ganzen Behälter gelegt werden. Jede Umfangmessung setzt sich daher aus vier Einzelmessungen zusammen und ist auf etwa $\pm$ 4 mm genau.

Mit Berücksichtigung der Wandstärke der Behälterglocke von 3 mm ergibt sich für den Querschnitt des oberen und des unteren Schusses 13,21 m^2, des mittleren Schusses 13,255 m^2.

Der mittlere Querschnitt beträgt daher 13,233 m^2 und der größte prozentuale Meßfehler infolge Nichtberücksichtigung der Schußunterschiede $100 \cdot \frac{0{,}023}{13{,}233} = 0{,}17\,\%$.

Die Ungenauigkeit der Querschnittsbestimmung infolge etwaiger Fehler bei der Umfangmessung beträgt nur $\frac{2 \times 4 \times 100}{12913} = 0{,}061\,\%$. Ebenso ist der Einfluß der Temperatur sehr gering, für eine Temperaturdifferenz von 15 Grad beträgt die Querschnittsänderung $\frac{2 \times 15}{681} = 0{,}044\,\%$. Beide Einflüsse kommen daher nicht in Betracht.

2. Geschwindigkeit der Glockenbewegung.

Bei langsamer Bewegung wurde der Glockenstand an einer vertikalen Skala „d" mittels Vergrößerungsglases mit Visierstrich und Fadenvisier abgelesen; die Einrichtung befand sich an einem Laufgewicht, das durch einen über zwei Rollen geführten 0,8 mm-Stahldraht mit der Mitte der gewölbten Glockendecke verbunden war.

Um möglichste Uebereinstimmung des Laufgewichtsganges mit der Glockenbewegung zu erzielen, wurden die Leitrollen für den Stahldraht auf den Lagerzapfen abgedreht und mit einer Rille für den Draht versehen. Das Gerüst zur Unterstützung der Rollenlager war so stabil, daß Durchbiegungen nicht zu befürchten waren. Bei mehrmaligem kräftigen Anziehen und Loslassen des Laufgewichts änderte sich die Lage um ca. 0,2 mm.

Eine geringe Schiefstellung der Glocke (durch einseitige Entlastung) hatte ungefähr dieselbe Aenderung der Laufgewichtslage zur Folge.

Die Genauigkeit der Skalenablesung hängt von der Glockengeschwindigkeit ab. Bei kleinen Geschwindigkeiten unter 0,1 mm/sec beträgt der mittlere Fehler etwa 0,2 mm. Der Fehler wächst mit zunehmender Geschwindigkeit und ist je nach der Geschicklichkeit des Beobachters etwa gleich dem in $^1/_3$ bis $^1/_4$ Sekunde zurückgelegten Weg.

Um die Genauigkeit der Glockenhubmessung bei großen Geschwindigkeiten zu steigern, wurde eine elektrische Signalvorrichtung angebracht.

An Stelle der Leitrolle über der Glocke wurde eine Kontaktrolle mit Spiralrinne für mehrmalige Umwicklung des Stahldrahtes angeordnet. Die Kontakte bestanden aus Messingstiften von 2 mm Durchmesser und zirka 5 mm Länge, die mittels Teilscheibe genau eingesetzt waren und an einer Messingfeder leicht vorbeistreiften. Die Kontakte ließen sich ausschalten, so daß mit 6, 3, 2 oder 1 Kontakt, je nach der Schnelligkeit der Glockenbewegung, gearbeitet werden konnte; der Beginn des Glockenzeichens diente als Ankündigung, beim letzten Schlag wurde auf einer Stoppuhr mit $^1/_5$ Sek.-

Teilung die Zeit abgelesen. Die außerordentlich befriedigende Funktion dieser Einrichtung geht aus Versuchen Tabelle 16, S. 68, und Tabelle 19, S. 71 hervor.

Zur Messung der Glockengeschwindigkeit mit einer mittleren Genauigkeit von ca. 0,3 % genügten bei einer Versuchsdauer von 3 bis 4 Min. vier Signale.

Bei sehr langsamer Bewegung machte die Veränderlichkeit des Reibungswiderstandes der Glocke (das Hängenbleiben) (vgl. S. 31) genügend genaue Messungen unmöglich.

Bei nicht zu geringer Geschwindigkeit war dagegen der Gang der Glocke überraschend gleichmäßig, wie z. B. die Versuchsprotokolle Tabelle 16 und 19 zeigen. Eine Beschleunigung der Behälterbewegung war nicht mit Bestimmtheit wahrzunehmen.

3. Messung der Lufttemperatur.

Zur Messung der Lufttemperatur in der Glocke sollte das Thermometer 1 dienen, dessen Kugel sich etwa 0,8 m unter der Mitte der Wölbung des Glockendeckels befand und bei tiefster Stellung der Glocke in das Steigrohr hineinragte.

Da sich die Kugel bei langsamer Abwärtsbewegung nicht in lebhaftem Luftstrom befand, war eine wesentliche Beeinflussung der Anzeige durch Strahlung nicht ausgeschlossen; außerdem war die Ablesung umständlich, die aus der Nähe entweder nur vor oder nach dem Versuch, während des Ganges nur mittels Fernrohres vom Dom des Hochdruckbehälters aus vorgenommen werden konnte.

Einen zuverlässigeren Schluß auf die mittlere Temperatur der Luft in der Glocke gewährten die im 400 mm - Hauptrohr und 125 mm - Anschlußrohr eingesetzten Thermometer 3 und 4, die sich in lebhaftem, gut durchgemischtem Luftstrom befanden.

Allerdings war eine Aenderung der Lufttemperatur beim Durchströmen der etwa 6 m langen Leitung von 400 mm ∅ nicht ausgeschlossen, wenn wesentliche Temperaturunterschiede zwischen der Wandung dieser Leitung und der Temperatur im Glockeninnern bestanden.

Einen Anhalt für die Temperatur im Inneren der Glocke und des Hauptrohres gaben Thermometer 2 im Wasserbassin und Thermometer 3a an der äußeren Wand des 400 mm - Rohres. Durch mehrmaliges Füllen und Leeren der Glocke konnten Temperaturunterschiede ausgeglichen werden.

Die Genauigkeit der Temperaturmessung der Glockenfüllung wurde durch später zu besprechende Versuche ermittelt.

Zur Messung der Lufttemperatur am Staurand dienten Thermometer 5 und 6 vor bzw. hinter demselben.

4. Druck in der Behälterglocke.

Die maximal ca. 250 mm WS. betragende Behälterpressung weist während der Glockenbewegung eine gleichmäßige Aenderung proportional der Eintauchtiefe sowie unregelmäßige Schwankungen infolge ungleichmäßiger Aenderung des Reibungswiderstandes auf.

Die Druckdifferenz in den Endlagen infolge verschiedener Eintauchtiefe beträgt 6,5 mm WS.; die hiermit verbundene Aenderung der Luftdichte $100 \cdot \frac{6,5}{10\,333} = 0,063\,\%$ ist verschwindend klein; dagegen ist die Abnahme der Lieferung mit der Verringerung des zur Verfügung stehenden Druckgefälles zu beachten. Bei 250 mm WS.-Behälterpressung beträgt die Druckverminderung für den ganzen Glockenhub $100 \cdot \frac{6,5}{250} = 2,6\,\%$; die entsprechende Lieferungsabnahme daher annähernd $\frac{1}{2} \cdot 2,6 = 1,3\,\%$.

Dieser Betrag wird durch eine geringe Verkleinerung der Reibungswiderstände mit dem Herabsinken der Glocke, vielleicht auch durch eine ganz geringe Beschleunigung der Glockenbewegung, verkleinert, z. B. beträgt bei Versuch Tabelle 16 die Abnahme der Lieferung nur 1,03% bei 220 mm WS. mittlerer Behälterpressung.

Diese geringe Ungleichförmigkeit des Luftstromes kam bei Benutzung von nur $^1/_3$ oder $^1/_4$ des Glockenhubes für einen Versuch (wie meist der Fall war) kaum in Betracht und konnte bei der Staurandeichung durch wiederholte Manometerablesung und Benutzung des Mittelwertes eliminiert werden.

Die unregelmäßigen Schwankungen der Behälterpressung bei geringer Geschwindigkeit waren störender (der Pressungsunterschied zwischen steigendem und sinkendem Behälter erreichte auch bei bester Schmierung der Führungsschienen und Rollen Beträge von 3 bis 5 mm WS. bei der gleichen Eintauchtiefe).

Eine Verringerung der Druckschwankungen wurde durch Vergrößerung der Behältermasse erzielt mittels Vermehrung der Wasserbelastung, was gleichzeitig höhere Pressung und Verringerung des Einflusses der Eintauchtiefe zur Folge hatte.

5. Dichtigkeit des Behälters und der Leitungen; Bestimmung der Luftfeuchtigkeit.

Von größter Wichtigkeit für die Genauigkeit der Untersuchungen war die absolute Dichtigkeit des Gasbehälters und sämtlicher Anschlußrohrleitungen. Vor und nach jeder Versuchsreihe wurde der Stand der maximal belasteten Glocke in Intervallen von 5—10 Minuten mehrmals abgelesen.

Bei den Vorversuchen wurde stets nach mehrfachem Wiederaufblasen der Glocke durch das Enckegebläse eine Undichtigkeit des Anschlusses der 125 mm-Leitung an das 400 mm-Hauptrohr sowie der Verbindung des letzteren mit dem Krümmer unter dem Behälter beobachtet. Die Ursache wurde im Rütteln des an das 125 mm-Rohr starr angeschlossenen, auf transportablem Rahmen montierten Enckegebläses gefunden. Durch Einschalten eines Zwischenstückes „g“ aus Segeltuchschlauch wurde der Uebelstand beseitigt.

Die relative Feuchtigkeit der aus dem Behälter strömenden Luft wurde mittels des Aßmann'schen Aspirations-Hygrometers mehrfach bestimmt und stets zu 0,75 bis 0,85 ermittelt.

C. Vergleichung des Glockeninhaltes mit durch Wasserauswiegung geeichten Räumen.

Einen zuverlässigen Aufschluß über die mittlere Genauigkeit der Gasometermessung ließ die Vergleichung des Gasometerinhaltes mit Meßräumen, deren Inhalt durch Wasserauswägung genau bestimmt werden konnte, erwarten.

1. Versuchseinrichtungen.

Als Vergleichsvolumina standen der 10 cbm-Hochdruckbehälter und der 1500 l-Meßbehälter zur Verfügung.

An ersterem befindet sich ein Wasserstandsglas von 25 mm l. W. und unmittelbar dahinter eine Skala auf Zinkblech mit Teilstrichen in Abständen entsprechend je 250 l Inhalt. Diese Teilstriche waren bei ruhendem Wasserspiegel in der Höhe der Meniskuswölbung mittels Anschlagwinkels sorgfältig eingerissen worden, nachdem in ein auf einer 1000 kg-Dezimalwage stehendes Gefäß 250 kg Wasser von ca. 15° C ausgeflossen waren.

Eine Prüfung über einen Umfang von ca. 5 cbm mit zwei gekuppelten Ueberlaufgefäßen mit konischem Deckel und Boden, 150 mm breitem Wehr und ca. 3 qdm Ueberlaufoberfläche, die mittels Einhängeklotzes genau auf 250 l abgestimmt waren, ergab bei ununterbrochenem Ausfluß eine Abweichung der Meniskuseinstellung von dem Skalenstrich beim Umschalten der Gefäße von maximal ca. $^1/_2$ mm.

Demnach beträgt bei 1625 mm Durchmesser des Druckbehälters die mit letzterem mindestens erreichbare Meßgenauigkeit $\frac{0,005 \,.\, 16,25^2\pi}{4}$ = ca. 1,0 l. Das entspricht bei 13,23 m² mittlerem Querschnitt der Gasglocke $\frac{1}{13,23}$ = 0,075 mm Glockenhub. Da der Glockenstand höchstens auf 0,2 mm genau abgelesen werden kann, geben die am Hochdruckbehälter in der beschriebenen Weise gemessenen Volumina ein sehr genaues Vergleichsmaß.

2. Versuche mit dem 1500 l-Meßgefäß (Tabelle 17, S. 69).

Außer dem Hochdruckbehälter wurde auch noch der vorerwähnte 1500 l-Meßbehälter k zum Vergleich herangezogen. An diesem Behälter befand sich die untere Wasserstandsmarke an einem Wasserstandsglas korrespondierend mit dem Ausflußstutzen von ca. 50 cm² Querschnitt, die obere Marke an einem Aufsatz des konischen Deckels von ca. 20 cm² Querschnitt. Der bei mittlerer Temperatur ausgewogene Wasserinhalt zwischen den Marken betrug 1663 l.

Beim Versuch entleerte sich die Wasserfüllung aus dem Hochdruckbehälter selbsttätig in den niedrigeren Meßbehälter, dementsprechend sank die Glocke. Darauf wurde mittels Druckluft das Wasser aus dem Meßbehälter in den Hochdruckbehälter zurückgedrückt und die Glocke zum Steigen gebracht. Bei Einhaltung der Meßbehältermarken auf ca. 5 mm wurde mit einer Genauigkeit von etwa 50 cm³ gemessen. Der Vorteil des Verfahrens wurde aber nicht in der größeren Meßgenauigkeit, sondern in dem Umstande gesucht, daß stets dieselbe Wassermasse hin und her spielte und die Temperatur im Hochdruckbehälter vom Wasserwechsel unbeeinflußt blieb.

Die auf Tabelle 17 zusammengestellten Messungen mit dem 1500 l-Meßbehälter weisen in der Tat eine außerordentliche Gleichmäßigkeit der Lufttemperaturen auf. Diese Meßmethode erwies sich aber nicht als brauchbar, da selbst mittels ausgiebiger Schmierung der Rollenführungen ein Hängenbleiben der Glocke im Betrage bis zu ca. 2 mm nicht beseitigt werden konnte, und dieser Betrag bei dem zur Verfügung stehenden geringen Hube von im Mittel 125,5 mm eine zu große Rolle spielte. Trotzdem stimmt übrigens das Mittel der Eichungen mit dem 1500 l-Meßbehälter, 13,25 l pro mm Glockenhub (Tabelle 17), sehr befriedigend mit der Umfangmessung (S. 29) überein. Auf das regelmäßige Verhalten des Thermometers 3 im 400 mm-Rohr bei diesen Versuchen sei kurz hingewiesen. Dasselbe steigt von 8,7° in der Ruhe auf ca. 9,3° beim Ausströmen der Luft aus dem 30 cbm-Behälter und sinkt beim Ausströmen der Luft aus dem (während der Nacht schneller erkalteten) Hochdruckbehälter auf 8,4°. Die Thermometeranzeige „3" gestattet also einen sicheren Schluß auf die Lufttemperatur in den vorher durchflossenen Räumen.

3. Hauptversuche mit dem Hochdruckbehälter.

Bei den Hauptversuchen mit dem Hochdruckbehälter (Tabelle 18 u. 19) war der Anschluß des 1500 l-Meßbehälters vom Auslaufschieber i am Hochdruckbehälter entfernt worden. Das Sinken der Gasbehälterglocke wurde durch Entleeren des Hochdruckbehälters, das Steigen durch Füllen mit frischem Leitungswasser bewirkt.

Die Versuche wurden bei niedriger Außentemperatur und ungeheiztem Laboratorium an Sonn- und Feiertagen vorgenommen, um mit möglichst kleinem Unterschied der Leitungswassertemperatur gegen die Laboratoriumstemperatur arbeiten zu können.

Da bei diesen Versuchen der Stand der Glocke während gleichmäßiger Bewegung derselben abgelesen werden konnte, ist der Einfluß des Hängenbleibens sehr gering; außerdem konnte mit einem Glockenhube bis zu 740 mm gearbeitet werden, so daß die Hubmeßfehler sehr klein wurden.

In den Versuchsprotokollen (Tabelle 19) ist die Gleichmäßigkeit der Glockenstandsänderungen mit den Ablesungen am Hochdruckbehälter, sowie bei Versuch 5 die außerordentliche Gleichmäßigkeit der Temperaturen bemerkenswert.

Auf die Temperatur im Glocken- und Hochdruckbehälterinnern wurde aus der Anzeige der Thermometer 3, 4 und 8 geschlossen; Thermometer 1 wurde nach Stillstand der Glocke zur Kontrolle abgelesen.

Die gute Uebereinstimmung der 10 Versuche zeigt, daß die Temperaturverhältnisse ziemlich richtig beurteilt werden konnten. Es ergibt sich ein mittlerer Fehler der Behältermessung von nur 0,23%. Der hierin enthaltene Fehlerbeitrag der Volummessung am Hochdruckbehälter kann nach S. 32 vernachlässigt werden, ebenso sind die Hubmeßfehler sowie der Fehler infolge geringer Aenderung der Differenz zwischen Glocken- und Hochdruckbehälterpressung während der Bewegung sehr gering, so daß der Fehler von 0,23% hauptsächlich auf Rechnung unrichtiger Temperaturmessung zu setzen ist.

Unter dieser Annahme würde der Temperaturmeßfehler mit $(273 + 15)$ $0{,}0023 = $ ca. $0{,}7^{0}$ anzunehmen sein.

Bei der späteren Verwendung des Behälters zur Staurandeichung wurde mit einem größeren Temperaturfehler von 1^{0}, entsprechend einem Volumfehler von ca. 0,35%, gerechnet, da bei den Staurandeichungen nicht in demselben Maße auf möglichste Gleichmäßigkeit der Temperaturen geachtet werden konnte wie bei den vorbesprochenen Versuchen.

Es sei noch darauf hingewiesen, daß der Einfluß des mittleren Schusses, der bei normaler Wasserfüllung des Bassins bei ca. 450 und 1300 mm Skalaablesung auftritt, an einer geringen Schwankung der Versuchswerte (Tabelle 18; die Werte 7 und 8 sind etwas größer) erkennbar ist.

D. Ergebnisse für die Benutzung des Behälters zur Staurandeichung.

1 mm Glockenhöhe ist im Mittel = 13,23 l zu setzen. Werden die mittleren Fehler

1. infolge Nichtberücksichtigung der Schußunterschiede mit $\frac{0{,}0017}{2}$,
2. infolge falscher Messung der Lufttemperatur im Glockeninneren um $\pm 1^{0}$ zu $\frac{1}{290} = \infty\ 0{,}0035$,
3. infolge ungenauer Hubmessung zu 0,003 angesetzt,

so ergibt sich ein gesamter mittlerer Fehler der Lieferungsmessung von $\sqrt{\frac{0{,}0017^2}{4} + 0{,}0035^2 + 0{,}003^2} = \infty\, 0{,}005$, oder 0,5%, was nach den vorbesprochenen Eichungsversuchen eher zu ungünstig als zu günstig angesetzt erscheint.

---

5. Abschnitt.

Die Druck- und Dichtemessung.

A. Die erforderliche Genauigkeit der Messung von h und γ.

Zur Ermittlung der Durchflußkonstanten $K = f(V, h, \gamma)$ ist die Messung der drei Größen: Durchflußmenge V, Gefälle h und Gasdichte γ erforderlich. In erster Annäherung kann $K = \frac{V}{\sqrt{h/\gamma}}$ gesetzt werden.

Die Durchflußmenge V läßt sich nach den Ergebnissen des vorigen Abschnittes mittels des 30 cbm-Behälters mit einer mittleren Ungenauigkeit von $\pm$ 1/2% messen.

Die gleiche Meßgenauigkeit werde von $\sqrt{h/\gamma}$ verlangt (vgl. Lit.-Verz. Nr. 5, S. 4). Dann folgt aus

$$\frac{\Delta \sqrt{h/\gamma}}{\sqrt{h/\gamma}} = 0{,}005$$

$$\frac{\Delta \,.\, h/\gamma}{h/\gamma} = 2 \,.\, 0{,}005$$

oder für die Größe des zulässigen mittleren prozentualen Meßfehlers von h und γ

$$\frac{\Delta h}{h} = \frac{\Delta \gamma}{\gamma} = \frac{2 \,.\, 0{,}005}{\sqrt{2}} = 0{,}007 \text{ oder } 0{,}7\,\%.$$

B. Die Genauigkeit der verwandten Druckmeßinstrumente für Bestimmung von h.

Zur Messung von h dienten in erster Linie drei Mikromanometer von Schultze, Charlottenburg, mit den Uebersetzungen 1:400, 1:50 und 1:10, ferner U-Rohre von ca. 15 mm l. W. mit eingeätzter Skala und Spiegelarmierung sowie zwei Stück Gefäßmanometer mit geneigter Glasröhre 1:5, die in der Werkstätte des Maschinenlaboratoriums hergestellt worden waren.

Zur Ermittlung der erreichbaren Meßgenauigkeit und zur Kontrolle der Uebersetzung wurden die verschiedenen Manometer in der Reihenfolge: das U-Rohr 1:1 mit den beiden Instrumenten 1:5, diese mit dem Mikromanometer 1:10, dieses mit dem Instrument 1:50, letzteres mit dem Instrument 1:400 miteinander verglichen.

1. Vergleichung der Manometer.

Zur Herstellung eines Anschlußraumes für mehrere Manometer mit dauernd konstantem, leicht regulierbarem Druck erwies sich (nach verschiedenen Versuchen mit Glasballons mit regulierbarer Wasserfüllung und mit direktem Anschluß an Kubizierapparate) ein Anschlußgefäß von etwa 2 l Inhalt mit vier Schlauchtüllen für 2 Manometer, Luftzu- und -abführung als besonders geeignet.

Der Luftzuführungsstutzen wurde mit einem unter etwa 250 mm WS.-Pressung stehenden Kubizierapparat verbunden. Durch Drosselung des Zuleitungs- sowie des Ableitungsstutzens konnte rasch ein ziemlich konstanter Druck in beliebiger Höhe zwischen ca. 100 und 0,1 mm WS. hergestellt werden.

Bei der Vergleichung zweier Manometer werden zwei Größen a und b mit den Fehlern $\pm \Delta a$ und $\pm \Delta b$, die im gegebenen Verhältnis $\frac{a}{b} = \gamma$ stehen, in Beziehung gebracht, wobei sich die Abweichung von dem richtigen Verhältnis $\Delta\gamma$ oder die algebraische Summe der prozentualen Fehler beider Anzeigen $\frac{\pm \Delta a \mp \gamma \Delta b}{b} = \Delta\gamma$*) ergibt; daraus folgt der mittlere prozentuale Fehler der Ablesung eines Manometers zu $\frac{\Delta\gamma}{\sqrt{2}}$ unter Annahme gleicher Verteilung des Fehlers auf beide Manometer.

Aus den Versuchen Tabelle 20, S. 72 ergibt sich dieser Fehler für die Gefäßmanometer 1:5, 1:10, 1:50 und 1:400 zu 0,05, 0,03, 0,14 und 0,6%.

*) Daß $\Delta\gamma$ gleich der Summe der prozentualen Fehler beider Manometer ist, folgt aus $\gamma \pm \Delta\gamma = \frac{a \pm \Delta a}{b \pm \Delta b}$. Mit Einsetzen von $a = \gamma b$ und Vernachlässigung von $\Delta\gamma \cdot \Delta b$ wird $\pm \Delta a = \pm b\Delta\gamma \pm \gamma\Delta b$ oder $\Delta\gamma = \frac{b\Delta a \mp \gamma\Delta b}{b}$.

Die geringere Meßgenauigkeit des Manometers 1:400 ist in erster Linie auf die Schwierigkeit zurückzuführen, während der langen Dauer des Einspielens dieses Instrumentes (meist über 1 Minute) einen genügend konstanten Druck zu halten.

Nach diesen Ergebnissen darf angenommen werden, daß wenigstens mit den Mikromanometern 1:5, 1:40 und 1:50 die eingangs dieses Abschnittes geforderte Meßgenauigkeit von 0,7% bei möglichst vollständiger Ausnutzung der Skala und unter Beobachtung nachfolgend besprochener Vorsichtsmaßregeln erreicht werden konnte.

2. Fehlerquellen bei der Benutzung der Instrumente.

Der am häufigsten auftretende und schwerwiegendste Fehler, auf den sich vorkommende Mißerfolge fast stets zurückführen ließen, war eine (häufig nur außerordentlich geringe) Undichtigkeit auf dem Wege vom Druckmeßraum bis zur Flüssigkeitssäule. Vor Beginn einer jeden Versuchsreihe mußten die Instrumente, die Verbindungsschläuche und die Anschlüsse am Druckmeßraum auf Dichtigkeit geprüft werden.

Am besten eignete sich hierzu eine Wasserabschlußflasche (Aufsteigen von Luftblasen bei Undichtigkeit) oder eine Hempel'sche Meßbürette (Konstanz des Wasserspiegels bei Dichtheit).

Zur Verbindung wurden zuletzt nur nahtlose Gummischläuche von zirka 5 mm innerem und ca. 12 mm äußerem Durchmesser verwandt; dünnwandige Schläuche weisen häufig feine Löcher auf und knicken leicht ein, innere Nahtfalten oder Wülste verursachen Undichtigkeit der Anschlüsse.

Um den Einfluß etwaiger Undichtigkeiten zu vermindern, wurde nach Möglichkeit mit weiten Meßöffnungen und kurzen Leitungen gearbeitet.

Weiter wurde darauf geachtet, daß ungleiche Dichte der Luft (oder des Gases) in den Zuleitungen von den Meßstellen zum Manometer oder, wenn nur eine Manometerseite angeschlossen ist, in der Leitung und dem umgebenden Raum beträchtliche Meßfehler verursachen kann.

Bei einer Höhendifferenz zwischen Instrument und Meßstelle von 1 m entsteht ein Meßfehler von 0,012 mm WS., wenn die Luft in der einen Zuleitung um 1% schwerer ist, was durch einen Temperaturunterschied von 3 Grad (etwa infolge einseitiger Sonnenbestrahlung oder der Nähe einer Dampfleitung) oder durch einen Gehalt an CO_2 von 2% (etwa durch den Mund behufs Reinigung der Leitung hineingeblasen) oder durch einen Mehrgehalt an Wasserdampf von $\sim$5% oder einer anderen leicht siedenden Flüssigkeit (von der Sperrflüssigkeit kann leicht etwas in die Leitung hinein laufen und verdunsten) verursacht werden kann.

Wenn sich Manometer und Meßstelle nicht in eine Horizontale bringen ließen, wurde der Einfluß etwa vorhandener ungleicher Luftdichte in den Schläuchen durch Wechseln derselben an der Meßstelle eliminiert.

Eine Reihe von Fehlerquellen werden durch Umschalten der Schläuche am Instrument selbst vermindert oder beseitigt. Zu diesen gehören Fehler der Skala und Ablesung, die durch Umschalten auf die Hälfte reduziert werden.

Bei Gefäßmanometern bilden sich gerne Dampf- oder Luftblasen in der Glasröhre, vergrößern die Trägheit des Instrumentes und verringern das spezifische Gewicht des Flüssigkeitsfadens. Durch Umschalten wird nicht nur die damit verbundene Fehlerquelle, sondern häufig auch die Störung beseitigt.

Infolge von — selbst bei Laboratoriumsversuchen nicht zu vermeidender — Temperaturänderungen schwankt stets der Nullpunkt von Gefäßmanometern; durch Arbeiten mit Umschalten wird die Nullage eliminiert.

Ein Umschalthahn am Manometer bietet daher wesentliche Vorteile und kann bei mehr als 20 facher Uebersetzung kaum entbehrt werden; leider ist derselbe bei vielen käuflichen Instrumenten nicht vorhanden.

Die Temperatur der Sperrflüssigkeit ändert sich bei längerer Versuchsdauer und wurde daher fortlaufend kontrolliert.

3. Die Sperrflüssigkeit.

Vielfach findet man in der Literatur Alkohol oder Petroleum als Sperrflüssigkeit empfohlen. Beiden ist käufliches Xylol, eine Mischung von zirka $^2/_3$ o-Xylol und $^1/_3$ m- und p-Xylol, entschieden vorzuziehen. Dasselbe ändert sein spezifisches Gewicht an der Luft sehr wenig, ein Fehler, der Alkohol und Petroleum anhaftet und zeitweise Kontrolle von γ verlangt (Tabelle 21). Ferner hinterläßt Xylol an der Glasrohrwandung keine Rückstände, wie Petroleum, löst vielmehr die sich nach längerem Stehen bildende fettige Schicht auf der Glasröhre besser noch als wässeriger Alkohol auf. Xylol hat ungefähr dieselbe Kapillaritätskonstante, wie wässeriger Alkohol, aber nur eine halb so große Zähigkeit, und einen Siedepunkt von 137 gegen 78°.

Auf Tabelle 21 sind die Eigenschaften verschiedener Sperrflüssigkeiten zusammengestellt. Die Dichteänderungen von wässerigem Alkohol und Xylol mit der Temperatur wurden mit einer für die vorliegenden Zwecke ausreichenden Genauigkeit mittels Mohr'scher Wage und zur Kontrolle mittels Pipettenauswägung mit sehr befriedigender Uebereinstimmung ermittelt.

D. Dichtebestimmung von Gasen.

Die Bestimmung der jeweiligen Gasdichte erfordert die Messung der Gastemperatur und des Gasdruckes, die sich beide meist ohne Schwierigkeit mit hinreichender Genauigkeit — ein Fehler von 0,007 (s. S. 34) des γ entspricht bei atmosphärischem Druck einem Fehler von ca. 5 mm Hg des Barometerstandes oder 2,3° C der Gastemperatur — ermitteln lassen, sowie der absoluten Gasdichte bei 0° und 760 mm Hg Barometerstand.

Die Gasdichte läßt sich aus der Analyse ableiten oder durch Wägung im Ballon ermitteln unter Berücksichtigung des Staub- oder Teergehaltes.

Beide Verfahren sind umständlich und erfordern verhältnismäßig komplizierte Apparate, sowie bestimmte Handfertigkeiten. Einfacher ist die Bestimmung des Dichtigkeitsverhältnisses zur atmosphärischen Luft, deren jeweilige Dichte aus Barometerstand, Temperatur und Feuchtigkeit (S. 83, Fig. 32) leicht zu ermitteln ist.

Bunsen hat hierfür das einfache Verfahren der Ausströmung aus sehr kleinen Oeffnungen angegeben. Da der in den physikalischen Laboratorien meist benutzte, sich durch Einfachheit auszeichnende Apparat etwas unhandlich ist, wurde eine technischen Zwecken angepaßte Umänderung desselben (S. 85, Fig. 34) nach dem Prinzip des bekannten zur Gasanalyse benutzten Orsatapparates versucht, die sich im Gebrauch gut bewährte.

Durch Heben einer am besten mit Quecksilber gefüllten Flasche wird ein mittels Schlauches kommunizierend verbundener, aus vier kleinen, mit kurzen Rohrstücken verbundenen Kugeln bestehender, vertikaler Glaskörper gefüllt und durch Senken der Flasche das zu untersuchende Gas angesaugt. Nachdem der Apparat mehrfach mit dem zu untersuchenden Gas durchgespült ist, wird der am oberen Ende des Glaskörpers befindliche Vierwegehahn geschlossen, die Flasche auf die obere Rast gestellt, die Dichtigkeit kontrolliert, darauf durch Drehen des Hahnes die Bunsenöffnung (eine gegen helles Licht kaum sichtbare Bohrung mit schärfster Nadelspitze in 0,2 mm starkem Platinblech) freigelegt und mittels Stoppuhr die Zeit des Durchganges (am besten nicht der Meniskuswölbung, sondern der die Glaswand berührenden Kante) durch die vier zwischen den Glaskugeln befindlichen Marken beobachtet.

Die spezifischen Gewichte verhalten sich umgekehrt wie die Quadrate der Geschwindigkeiten, und da alle Verhältnisse gleich bleiben (der Druck ändert sich in stets gleicher Weise), umgekehrt wie die Quadrate der Zeiten.

Wenn das Gas nicht staubfrei ist, verstopft sich die Bunsenöffnung, was an unregelmäßigen Aenderungen der Zeitdifferenzen zwischen den einzelnen Ablesungen (Tabelle 22 c) erkannt wird.

Von großer Wichtigkeit ist die gute Durchspülung des Apparates (Tabelle 22 d), wenn mit dem Gas gewechselt wird. Zum selbsttätigen Spülen mittels Durchströmens befindet sich unten rechts ein Hahn.

Eine Absperrung mit Wasser oder Glyzerin ist deshalb nicht empfehlenswert, weil hygroskopische Gase, wie CO_2, Feuchtigkeit aufnehmen, wodurch sich das spezifische Gewicht merklich ändern kann.

So gelang mit dem zuerst gebauten Glyzerinapparat die Dichtebestimmung von H und Leuchtgas ohne weiteres, die Dichte von CO_2 dagegen wurde immer um einige Prozente zu klein ermittelt, gleichgültig, ob die CO_2 einem Kipp'schen Entwickler oder einer Bombe entnommen wurde (Tabelle 22 a). Erst mit Quecksilberabsperrung wurde das richtige Gewicht gefunden (Tabelle 22 b).

Die Messungen mit diesem Apparat geben im allgemeinen schon bei drei Ablesungen einen mittleren Fehler von etwa $^1/_{200}$, bei vier Ablesungen einen solchen von ca. $^1/_{300}$, was nach den zu Anfang des Abschnittes aufgestellten Forderungen völlig ausreicht.

---

6. Abschnitt.

Die Bestimmung der Durchflußkoeffizienten.

Auf Grund der Vorarbeiten der Abschnitte 1—5 konnte an die Bestimmung der Durchflußkoeffizienten von Staurändern herangetreten werden.

Die Durchflußversuche 3 bis 26 — Tabelle 24, S. 76 bis 79 — wurden mit dem 30 cbm-Gasbehälter in der in Abschnitt 4 erläuterten Weise durchgeführt, ein genaues Versuchsprotokoll ist in Tabelle 23, S. 74 u. 75 wiedergegeben.

Bei den Versuchen 1 und 2 wurde mit einem Kubizierapparat von 1,002 m^2 Glockenquerschnitt die Messung in ähnlicher Weise durchgeführt.

A. Die allgemeine Gleichung $w_0 = k\,(h/\gamma)^n$.

Sämtliche Eichungsversuche Tabelle 24 zeigen eine vorher nicht erwartete Abnahme von $K = \frac{V}{\sqrt{h/\gamma}}$ mit wachsendem $\sqrt{h/\gamma}$.

Bei den ersten Vorversuchen wurde diese Erscheinung durch Meßfehler zu erklären gesucht.

Eine mehrfache Wiederholung der Versuche in anderer Reihenfolge mit anderen Manometern, gewechselten Schläuchen, anderen Temperaturverhältnissen, mit genauer Prüfung aller Versuchseinrichtungen, insbesondere des Behälters auf etwaige Undichtigkeiten, ergab stets dasselbe Resultat.

Es wurde festgestellt (Versuche 1 und 2, 5, 9, 10 und 11), daß mit der Wandstärke des Randes δ auch die Abnahme von K wuchs (vgl. Lit.-Verz. 16, S. 14/15).

Aber selbst bei einem Verhältnis von $\delta/D < 0{,}005$ (Versuche 19 u. f.) ist die Abnahme von K mit wachsendem $\sqrt{h/\gamma}$ unverkennbar und beträgt ein Mehrfaches des mittleren Fehlers 0,009 (S. 41).

Eine stichhaltige Begründung dafür, daß die Meßweise auf dem Rand selbst die Inkonstanz des K mit $\sqrt{h/\gamma}$ veranlasse, konnte nicht gefunden werden.

Fig. 30, S. 80 zeigt, daß die Genauigkeit und der Meßumfang der Versuche von Althans und A. O. Müller mit Messung an der Rohrwandung zur Auffindung dieser Abhängigkeit nicht ausreicht.

Dagegen zeigen die Versuche von Koch (Lit.-Verz. 1, S. 443/4) über den Ausfluß von Luft aus einem großen Gefäß mit kreisrunder Oeffnung in dünner Wand von ca. 6 bzw. 12,5 mm Durchmesser mit Ueberdruckhöhen im Gefäß von ca. 94 bis 1700 mm H_2O ebenfalls eine Abnahme von $k = \sqrt{h/\gamma}$ mit wachsendem $\sqrt{h/\gamma}$.

Weisbach (Lit.-Verz. 2, S. 445) fand beim Ausströmen von Wasser aus Oeffnungen von 10 bis 40 mm in dünner Gefäßwandung ebenfalls eine Abnahme des $\mu = \frac{V}{F\sqrt{2gh}}$ von 0,71 bis 0,6 mit zunehmender wirksamer Druckhöhe h von 0,02 bis 103,58 m.

Weisbach's Luftausströmungsversuche (Lit.-Verz. 2, S. 574) aus Oeffnungen von 10,1 bis 25 mm Durchmesser in dünner Gefäßwand, die mit steigender Druckhöhe von 0,05 bis 1,5 Atm. Ueberdruck ein Wachsen des μ von zirka 0,56 bis 0,97 ergaben, lassen sich wegen der wesentlich anderen Druck- und Geschwindigkeitsverhältnisse kaum zum Vergleich heranziehen.

Die Annahme, daß w_0 proportional $\sqrt{h/\gamma}$ ist, stützt sich nur auf die Voraussetzungen, die den Entwicklungen der praktischen Hydrodynamik zugrunde liegen, die aber, wie in der Einleitung gezeigt wurde, mit den wirklichen Verhältnissen wenig übereinstimmen.

Die log Homologen von w_0 und h/γ (Aenderung der log w_0 mit log h/γ) zeigen bei den meisten Versuchen eine schwache Krümmung, der mittlere Exponent $n = \frac{\Delta \lg w_0}{\Delta \lg h/\gamma}$ liegt zwischen 0,475 und 0,495, ist abhängig von der Wandstärke des Randes δ, sowie von β und F und nimmt stets mit zunehmender Druckhöhe zu.

Dasselbe Verhalten zeigen die schon erwähnten Versuche von Koch, für die kleinere Oeffnung ist n im Mittel ca. 0,427, für die größere 0,45, bei beiden mit zunehmender Druckhöhe zunehmend.

Da in allen Fällen der Exponent n nur wenig von 0,5 abweicht, das Rechnen mit gebrochenen Exponenten für den praktischen Gebrauch aber sehr unbequem ist, scheint es empfehlenswert, die Beziehung $w_0 = k\,(h/\gamma)^n$, die doch nur angenähert zutrifft, durch die innerhalb der Meßgenauigkeit abweichende Beziehung $w_0 = c + k' \sqrt{h/\gamma}$ zu ersetzen, woraus $k = \frac{c}{\sqrt{h/\gamma}} + k'$ folgt.

Buff (Lit.-Verz. 1, S. 450) setzt nach den Versuchen von Koch $k = 0{,}626\,(1 - 0{,}079\sqrt{h})$, eine für Zahlenrechnung unbequeme Form, die auf dem praktisch wertlosen k für sehr kleine Geschwindigkeiten basiert.

Es hat kein praktisches Bedenken, daß in $w_0 = c + k' \sqrt{h/\gamma}$ für $h/\gamma = 0$, $w = c > 0$ wird, nach der Tabelle 24 (vgl. auch Fig. 32) gibt der Ausdruck $w_0 = c + k' \sqrt{h/\gamma}$ die gemessenen Werte mit einer mittleren Abweichung von $< 0{,}01$ (S. 41) innerhalb der praktisch wichtigen Geschwindigkeitsgrenzen von ca. 1 bis 10 m/sec wieder.

Der vorerwähnten Abnahme von $K = \frac{V}{\sqrt{h/\gamma}}$ oder $k = \frac{w_0}{\sqrt{h/\gamma}}$, mit Zunahme von δ/D, entspricht eine Abnahme des Exponenten n oder ein Wachsen der Hilfskonstanten c.

Das Wachsen von c mit δ geht besonders deutlich aus Versuchen 1 und 5, 9 und 10 hervor; zur Vermeidung eines abnormal großen c ist daher für vergleichbare Staurandmessungen $\delta/D < 0{,}01$ festzusetzen.

Die Verschiedenheit der Werte von c bei den fast gleichen Versuchskörpern 7 und 8, Tabelle 24, läßt sich vielleicht (der Behälter war dicht) durch einen schärferen Grat an der Staudruckkante bei Versuchskörper 7 erklären, was bei dem kleinen Durchmesser von 63 mm sehr wohl schon eine Rolle spielen kann.

Die Versuchsstückpaare 3 und 4, Tafel 24, zeigen befriedigende Uebereinstimmung. Versuch 4 erscheint weniger gut gelungen als 3.

Sehr interessant ist das Verhalten des Versuchsstücks 12a (Tabelle 24 und Fig. 30), das zum Einbau in eine vorhandene Leitung vor Durchführung der Versuche des Abschnittes 3 angefertigt worden war. Die erforderliche Mindestlänge von L_v = ca. 6 D und L_h = ca. 2 D ist nicht vorhanden; infolgedessen steigt k mit wachsender Geschwindigkeit, d. h. $h/\gamma = 1/k$ für $w = 1$ fällt, es treten die bei Tafel 9 bis 11 beobachteten Erscheinungen bei zu kurzem L_v und L_h ein.

Da dieser Staurand hinter einem Krümmer gebraucht wurde, war es wünschenswert, die Eichung auch unter Vorschaltung eines solchen vorzunehmen, womit sich gleichzeitig eine Kontrolle für den Versuch ohne Krümmer und eine Prüfung der Ausgleicherwirkung ergab. Eine wesentliche Aenderung der Anzeige (Versuch 12, Tabelle 24) und des abnormalen Verhaltens wurde dabei nicht beobachtet.

Bei den Versuchsstücken 5 sowie 9/10 und 11 mit ebenfalls zu kurzen L_v und L_h trat ein abnormales Verhalten bei einer Geschwindigkeit von ca. 13 bzw. 16 m/sec noch nicht ein.

Möglicherweise übte die verhältnismäßig größere Rauhigkeit des Gasrohres eine ausgleichende Wirkung auf den Eintrittsstrahl aus.

Die Versuchswerte 9 mit vorgeschaltetem Winkelstück liegen in geordneter Weise unterhalb der Werte 10, ein Einfluß der Winkel ist nicht ausgeschlossen, da dieses Versuchsstück nur drei Paare von Meßstellen besitzt.

In der Hydrodynamik wird meist $\mu = \frac{w_0 \cdot F_0}{\sqrt{2g\,h/\gamma}}$ eingeführt; doch empfiehlt es sich vielleicht, da g in vorliegendem Falle praktisch als konstant anzusehen ist*), den bei den Versuchen benutzten Koeffizient $k = k = \frac{w_0}{\sqrt{h/\gamma}}$ für den rechnerischen Gebrauch beizubehalten, weil die Zahlenwerte k eine anschauliche Bedeutung haben, als Werte der Luftgeschwindigkeit w_0 im Staurad für $h/\gamma = 1$, für mittlere Verhältnisse = ca. 3 m/sec, und sich dem Gedächtnis daher leicht einprägen.

B. Abhängigkeit des k' von β.

Die drei Versuchsreihen 13/16, 17/21 und 22/26, Tabelle 24, graphisch dargestellt Fig. 31 B, zeigen eine regelmäßige und gleichartige Zunahme des k' mit β.

Für die praktische Benutzung erschien es geboten, $k' = f(\beta)$ analytisch auszudrücken.

Zuerst wurde versucht k' auf den gebräuchlichen Kontraktionskoeffizienten $\alpha = \frac{1}{\sqrt{2g/k' + \beta}}$ zurückzuführen, unter der üblichen Annahme, daß die statische Druckdifferenz dem Stoßverlust entspricht (vgl. S. 5), woraus

*) Die Aenderung von g zwischen den Polen und dem Aequator beträgt 0,0051, zwischen 0 und 3000 m über Meeresspiegel 0,01.

sich die Werte α der Fig. 31 D ergaben. Zum Ve gleich sind die ebenso berechneten α aus den Versuchen von Weisbach (Lit.-Verz. 8, S. 395), Althans und A. O. Müller (Fig. 30) aufgetragen.

Für den Grenzfall $\beta = 0$ mit $k = 2{,}76$ bis $2{,}78$ entsprechend $\alpha = 0{,}624$ bis $0{,}627$, wo der dynamische Beitrag der Staurandmessung $= 0$ wird, ergibt sich eine schöne Uebereinstimmung mit dem für Wasser häufig (Lit.-Verz. 3, S. 35) ermittelten Werte $\alpha = 0{,}62$ bis $0{,}63$.

Auf die unverkennbar größere Bestimmtheit der Staurandmessung im Vergleich zu den Versuchen von Weisbach, Althans und A. O. Müller sei hingewiesen, ebenso auf die schöne Uebereinstimmung mit $k = 2{,}8$ (entsprechend $k' =$ ca. $2{,}76$) in Tabelle 1.

Bei wachsendem β nimmt der dynamische Beitrag bei der Staurandmessung zu; dem entspricht eine Abnahme von α, während bei Weisbach u. d. A. α steigt; für $\beta = 1$ wird bei beiden Meßweisen $k' = \infty$ und damit $\alpha = \infty$.

Die Einführung des Kontraktionskoeffizienten α in der üblichen Weise ergibt demnach keine praktisch brauchbare Beziehung zwischen k' und β; an Stelle der Variabelen k' tritt die weniger einfach Variabele α. Ebenso wenig Erfolg hatte der Versuch, einen Kontraktionskoeffizienten α' einzuführen, unter der Annahme, daß das gemessene Gefälle $\frac{h}{\gamma}$ sowohl die Geschwindigkeitszunahme w_1 auf $w_0/\alpha' = \frac{(w_0/\alpha)^2 - w_1^2}{2g}$ als auch den Stoßverlust $\frac{w_0/\alpha' - w_1)^2}{2g}$ zu leisten habe.

Aus $\frac{h}{\gamma} = \frac{(w_0/\alpha')^2 - w^2_1}{2g} + \frac{(w_0/\alpha' - w_1)^2}{2g}$ folgt $\alpha' = -\frac{\beta}{\zeta} \pm \sqrt{\frac{2}{\zeta} + \left(\frac{\beta}{\zeta}\right)^2}$.

Mit $\zeta = \frac{2g}{k'^2}$ gibt dieser Ausdruck bei großem β Werte für α', die denen von Weisbach und A. O. Müller nahe liegen. Mit abnehmendem β wächst aber wieder α' und es wird $= \frac{k'}{\sqrt{g}}$ bei $\beta = 0$.

Es empfiehlt sich deshalb, auf die Einführung eines Kontraktionskoeffizienten α zu verzichten und einen den Versuchsresultaten möglichst angepaßten Ausdruck für $k' = f(\beta)$ aufzustellen.

Die allgemeine Form $y = A + Bx + Cx^2 \ldots\ldots$ führte zu undhandlichen Gleichungen im Hinblick auf die später zu berücksichtigende Aenderung von k' mit F, dagegen leistete wieder die logarithmische Funktion (vgl. S. 15) gute Dienste.

Die log log k' und log $(1 - \beta^{\varepsilon})$ konnten durch passende Wahl von ε mit sehr befriedigender Annäherung in eine Gerade gebracht werden.

Aus der linearen Beziehung

$\ln \ln k' = \lambda - \eta \ln(1 - \beta^{\varepsilon})$ ergibt sich $k' = e^{\overline{(1 - \beta^{\varepsilon})^{\eta}}}$.

Für $\beta = 0$ wird $k' = e^{\lambda}$, damit ist $\lambda = \ln(2{,}765$ bis $2{,}78)$ gegeben; für $\beta = 1$ wird $k' = e^{\infty} = \infty$.

C. Die Abhängigkeit des k' von F.

Bei zwei Staurändern 1 und 2 mit gleichem β in Leitungen mit verschiedenen Durchmessern $2r_1$ und $2r_2$ würde bei gleichen mittleren Luftgeschwindigkeiten nur dann gleiches Gefälle gemessen werden, wenn der Energieverlust R den Massen oder Flächen proportional wäre, d. h. wenn gälte $\frac{R_1}{R_2} = \left(\frac{r_1}{r_2}\right)^2$ unter sonst gleichen Verhältnissen. Dies ist aber sehr unwahrscheinlich; denn in erster Annäherung darf wohl $R_1 = \int_0^{r_1} \Delta u^2 r \pi dr$ gesetzt werden, wo u = f (r) abhängig vom Rohrdurchmesser ist (Lit.-Verz. 8, S. 335; Lit.-Verz. 16, S. 19), woraus zu folgern ist, daß R_1 nicht einfach proportional r_1^2 sein wird.

Die Aenderung des Gefälles mit dem Durchmesser unter sonst gleichen Verhältnissen wird durch die Staurandeichungen bestätigt.

Die Zusammenfassung der Versuche mit ähnlichem β, Fig. 31 C, zeigt die regelmäßige Abnahme der k' mit wachsendem D, die selbst für sehr kleines β noch unverkennbar ist.

Dies stimmt überein mit Weisbach's Versuchen mit Wasser (Lit.-Verz. 2, S. 445), wo $\mu = \frac{V}{F\sqrt{2gh}}$ von 0,641 auf 0,637 fällt, bei einem Wachsen des Oeffnungsdurchmessers von 1 auf 4 cm, bei einer wirksamen Druckhöhe h = 0,25 m, sowie mit Luft (Lit.-Verz. 2, S. 575), wo μ von 0,579 auf 0,565 fällt, bei Wachsen des D von 10,1 auf 17,25 mm bei einer Druckhöhe von 0,05 Atm. Ueberdruck.

Es schien für den praktischen Gebrauch erwünscht, diese Aenderung ebenfalls in rechnerisch bequeme Form zu bringen.

In oben aufgestellter Beziehung $k' = e^{\frac{\lambda}{(1-\beta^{\varepsilon})^{\eta}}}$ wurde im Interesse möglichster Einfachheit für λ ein konstanter Wert $\lambda = \ln k' = \ln 2{,}772 = 1{,}02$ gewählt.

Zur Berücksichtigung der Aenderung mit D konnte ε oder η variabel gewählt werden.

Die für die Zahlenrechnung bequemste Anpassung ließ sich mit einem konstanten η = 0,25 und variabelem ε erreichen.

Die Werte von ε, welche die beste Annäherung geben, sind in Fig. 31 A aufgetragen. Bei D = ca. 50 mm hat der Verlauf von ε einen Wendepunkt. Mit kleiner werdendem D fällt ε sehr rasch, mit wachsendem D nimmt ε zuerst langsam, später schneller zu.

Auf die Mitnahme des fallenden Kurvenastes für kleine Durchmesser (der praktisch geringere Bedeutung hat) wurde verzichtet, um mit guter Annäherung an die besten ε-Werte den Verlauf von ε durch die einfache Beziehung $1{,}17 + \frac{D^2}{36}$ (D in dcm) ausdrücken zu können.

Die ausgezogenen Kurven, Fig. 31 B, welche die Aenderung von k' mit β bei D = 90, 223, 390 und 623 mm wiedergeben, wurden nicht mit den best passenden ε-Werten, sondern mit ε nach obiger Formel berechnet.

Auf den Tabellen 24 sind die nach den beiden aufgestellten Formeln berechneten k'-Werte zum Vergleich mit den aus den Versuchen bestimmten k' eingetragen. Die mittlere Abweichung der berechneten k' beträgt 0,009.

Um kein zu günstiges Bild zu erhalten, werde eine mittlere Zuverlässigkeit der Formeln für k' von 1% zugrunde gelegt, einschließlich der Ungenauigkeit, mit der β eingesetzt wird. Es wird ferner eine Meßgenauigkeit von 0,0025 für die Bestimmung von D, also ein mittlerer Fehler des F von 2 . 0,0025 gleich 0,005 angenommen; dann ergibt sich die mittlere Genauigkeit des K' = F k' zu $\sqrt{0{,}01^2 + 0{,}005^2} = \infty\, 0{,}0112$ und damit als mittlere Genauigkeit einer Staurandmessung mit Annäherung

$$\frac{\Delta V}{V} = \sqrt{2} \,.\, 0{,}0112 = \text{ca } 0{,}016.$$

D. Die Veränderlichkeit von c.

Nach den Versuchen 1 bis 26 (unter Ausschluß der Versuche 1, 5, 6, 9, 10, 11, 12 mit abnormen δ/D) wächst c mit β und abnehmendem D.

Bei β etwa $< 0{,}6$ und $D > 200$ mm ist c stets $\lesseqgtr 0{,}1$. In solchen Fällen kann c bei Geschwindigkeiten über 5 m meist vernachlässigt werden. Die Aufstellung einer Gleichung für die Abhängigkeit des Koeffizienten c von β u. D kann entbehrt werden.

In Tabelle 26, S. 82 sind die Werte für c, k', C und K' für verschiedene β und D zusammengestellt. Mit Hilfe dieser Tabelle lassen sich Staurandmessungen sehr bequem durchführen.

---

7. Abschnitt.

Ergänzungen und Schlußbemerkung.

A. Versuch mit 623/563 mm-Staurand.

Es ist noch die Gewinnung des Punktes 27, Fig. 31 B, zu besprechen.

Mit dem 30 cbm-Gasbehälter ließ sich mit der 125 mm-Anschlußleitung bei voller Entlastung und größter Wasserbelastung eine maximale Lieferung von ca. 377 lit/sec erzielen; der Behälter leerte sich dann in ca. 77 Sekunden.

Diese Lieferung genügte nicht zur sicheren Bestimmung des K des 623/563 mm-Randes.

Die Eichung wurde daher mit der in Abschnitt 1 (S. 8) beschriebenen Ventilatoranordnung unter Verwendung von zwei Meßrändern zur Erhöhung der Sicherheit versucht.

Der Staurand wurde wieder, wie bei den Versuchen Tabelle 24, in die Mitte des Rohres gesetzt, so daß $L_v = \infty L_h = \infty 2D$ war, Tafel 11 C 5.

Mit $V = 35 + 950 \sqrt{h/\gamma}$ ergab der Versuchsrand dieselbe Lieferung wie die Meßränder.

Mit $F = 24{,}9$ dcm² wird $c = \frac{35}{24{,}9 \cdot 10} = 0{,}14$ und $k' = \frac{950}{24{,}9 \cdot 10} = 3{,}81$. Diese gute Uebereinstimmung mit den anderen Eichungsresultaten, Fig. 31, und die sich somit ergebende Zuverlässigkeit der Anzeige eines Randes von 563 mm Durchmesser und einer Randbreite von nur 30 mm ist sehr befriedigend.

Für die Messung großer Lieferungen bei kleinem disponiblen Gefälle, z. B. für die Untersuchung von Schraubenventilatoren, ist dieses Ergebnis von praktischer Wichtigkeit.

B. Widerstandsvergleichung.

Zur Vermeidung unzulässiger Erhöhung der Strömungswiderstände ist es häufig wünschenswert, den Staurand in eine Rohrerweiterung einzusetzen.

Es ist deshalb von Interesse, den Strömungswiderstand eines normalen geraden Rohres mit dem eines Staurandes mit in einer Rohrerweiterung zu vergleichen (Tabelle 25 und Fig. 29, S. 79).

Da es sich nur um die Gewinnung eines allgemeinen Ueberblickes handelt, wurden die Messungen mit kurzem Gasometerhub und Ablesung an der Skala durchgeführt. Die Uebereinstimmung der Werte $K = \frac{V}{\sqrt{h/\gamma}}$ ist ausreichend; auch eine Abnahme derselben mit wachsendem $\sqrt{h/\gamma}$ läßt sich erkennen.

Der Widerstand der Versuchsstücke a und b setzt sich zusammen aus dem Einströmwiderstand und dem Staurohrwiderstand bzw. dem Widerstand des glatten Rohres; der Widerstand des Stückes c besteht fast lediglich aus dem Einströmwiderstand.

Um bei den Versuchen mit gleichem Einströmwiderstand rechnen zu können, wurde der Anschlußflansch des Rohres an das Gefäß bei den drei Versuchsstücken innen in gleicher Weise möglichst gut abgerundet.

Werden die Widerstände auf die Geschwindigkeit im Rohr $w = V/F$ bezogen und $\zeta \frac{w^2}{2g} = \frac{h}{\gamma}$ damit $\zeta = \frac{2g F^2 h}{V^2 \gamma} = \frac{2g F^2}{K^2}$ sowie $\zeta_a = \zeta_c + \zeta_s$ und $\zeta_b = \zeta_c + \zeta_r$ gesetzt, wo die Indizes a b c den drei Anordnungen, s dem Staurohr, r dem glatten Rohr entsprechen, so gibt $\frac{\zeta_s}{\zeta_r}$ ein Bild von dem Widerstandsverhältnis beider Anordnungen. Es wird

$$\frac{\zeta_s}{\zeta_r} = \frac{\zeta_a - \zeta_c}{\zeta_b - \zeta_c} = \frac{\zeta_a/\zeta_c - 1}{\zeta_b/\zeta_c - 1} = \frac{(K_c/K_a)^2 - 1}{(K_c/K_b)^2 - 1} = \frac{1/_{0,645^2} - 1}{1/_{0,742^2} - 1} = 1{,}71.$$

Vorliegende Rohrerweiterung mit Staurand hat also den Widerstand einer ca. 1,7 fachen glatten Rohrlänge.

Es ist nicht uninteressant, eine Kontrollrechnung ohne Benutzung des Versuches c anzustellen. Mit Einsetzung mittlerer Werte wird

$$\zeta_a = \frac{2g}{(K_a/F)^2} = \frac{19{,}62}{\left(\frac{5{,}4}{10 \,.\, 0{,}196}\right)^2} = 2{,}58; \; \zeta_b = \frac{19{,}62}{\left(\frac{6{,}25}{10 \,.\, 0{,}196}\right)^2} = 1{,}92.$$

Für Berechnung des Eintrittswiderstandes werde in üblicher Weise

$$\zeta_c \frac{w^2}{2g} = \frac{h}{\gamma} = \frac{w^2}{2g} + \frac{(w/\alpha - w)^2}{2g} \text{ gesetzt, woraus } \zeta_c = 1 + \left(\frac{1}{\alpha} - 1\right)^2 \text{ folgt.}$$

Für die Wahl von α ist die gute Abrundung der Eintrittsstelle und der Einfluß des anschließenden Rohres zu berücksichtigen.

Mit $\alpha = 1$ wird $\frac{\zeta_s}{\zeta_r} = 1{,}72$. Entweder ist die Abrundung der Eintrittsstelle so vollkommen, daß keine Kontraktion eintritt, oder der Einströmwiderstand beim Versuchsstück c ist zu klein gemessen.

C. Die Luftkonstanten.

Als praktisches Hilfsmittel bei den vorliegenden Untersuchungen erwies sich beigefügte graphische Auftragung der Luftdichte bei Barometerständen von 720 bis 760 mm Hg, Temperaturen von 8 bis 27° und relativer Feuchtigkeit von 0,0, 0,5 und 1 (Fig. 32).

Die Kurven für Differenzen des trocknen und nassen Thermometers lassen den Feuchtigkeitsgehalt der Luft mit einer für die vorliegenden Zwecke genügenden Genauigkeit sofort ablesen. Die Kurven der Dampfspannung p bei Sättigung und des maximalen Wassergehaltes ermöglichen die genauere Berechnung in bekannter Weise.

Die für die relative Feuchtigkeit φ benutzte Formel entsteht aus der der bekannten empirischen Beziehung $p_D = p_{D\,max\,naß} - k\,(t_{trocken} - t_{naß}) \frac{p}{760}$ (Lit.-Verz. 6). Der Faktor k ändert sich mit der Geschwindigkeit der am nassen Thermometer vorbeistreichenden Luft. Kohlrausch gibt für stehendes Thermometer in mäßig großem Raum 0,8 an, Aßmann setzt für sein Psychrometer $k = 0{,}5$. Der Faktor p/760 ist meist so klein, daß er bei der Unsicherheit von k vernachlässigt werden kann. Die Kurven sind mit $k = 0{,}49$ berechnet, entsprechend der Konstante des Aßmann'schen Apparates bei einem mittleren Barometerstand von 745 mm Hg.

Die Formel für γ entsteht aus der allgemeinen Beziehung für das Molekulargewicht einer Mischung $\mu = \mu_L r_L + \mu_D r_D$ (Lit.-Verz. 7), wo r das prozentuale Volumen, die Indezes L und D Luft und Dampf, kein Index Gemisch bedeutet.

Da die prozentualen Volumina gleich den prozentualen Teildrücken, also $r_L = \frac{p - p_D}{p}$ und $r_D = \frac{p_D}{D}$ sind, wird (nach 7) $\mu = \mu_L - \frac{p_D}{p} (\mu_L - \mu_D)$ und die Luftdichte für p bezw. p_D mm Hg und T^0

$$\gamma = \frac{28{,}95 \, . \, 273 \, . \, p}{22{,}4 \, . \, T \, . \, 760} - \frac{p_D \, . \, 10{,}93 \, . \, 273 \, . \, p}{p \, . \, 22{,}4 \, . \, T \, . \, 760} = 0{,}464 \frac{p}{T} - 0{,}176 \frac{p_D}{T}.$$

D. Schlußbemerkung.

Die Versuchsresultate sind am Schluß der Einleitung, S. 5 u. 6, zusammengestellt.

Eine umfassendere Wiederholung der Versuche mit vollkommeneren Versuchskörpern, größeren Lieferungen und Durchmessern, sowie Ausdehnung auf Gase (Dampf) höherer Spannungen und größerer Geschwindigkeiten wäre erwünscht; vielleicht ergibt sich dann auch eine Vereinfachung der empirisch aufgestellten analytischen Ausdrücke.

Von größter praktischer Wichtigkeit wäre die Ausdehnung der Untersuchungen auf Leitungen nichtkreisförmigen Querschnittes, z. B. gewölbte Kanäle mit geometrisch ähnlichen oder kreisförmigen Einsätzen.

Auf die Verwendbarkeit vorliegender Unterlagen zur Durchführung solcher Untersuchungen, wie auch der Eichung von Anemometern usw., mittels durch Staurand kontrollierten Ventilatorluftstromes sei kurz hingewiesen.

Die gute Uebereinstimmung der einzelnen Versuchsreihen unter sich läßt erwarten, daß eine vollkommenere Wiederholung der Versuche, verbunden mit Aufstellung noch besser angepaßter Formeln, eine noch höherere Genauigkeit der Staurandmessung ergeben wird.

Herrn Professor Junkers sei an dieser Stelle für freundliche Zurverfügungstellung der Einrichtungen des Maschinenlaboratoriums der Königlichen Technischen Hochschule zu Aachen, sowie der Mittel zur Beschaffung der Versuchseinrichtungen bestens gedankt.

Der Einfluß von „Sieben" auf die Geschwindigkeitsverteilung.

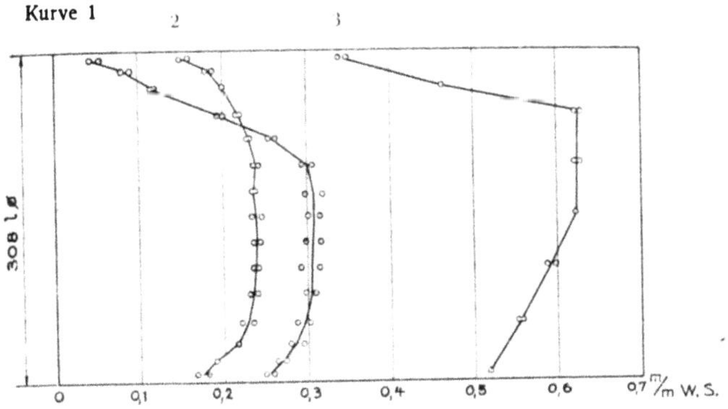

Fig. 1.

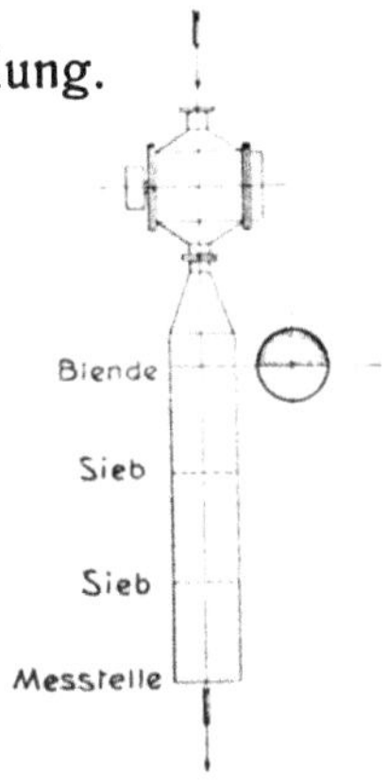

Fig. 1.

Stauscheibe.

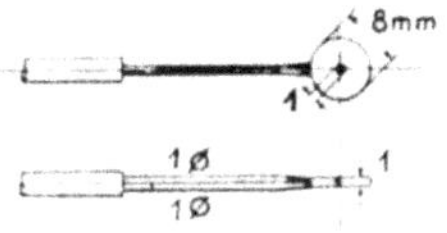

Fig. 2.

Einfluß der Geschwindigkeitsverteilung auf die Lieferung der äußeren Ringzonen und die Höhe des Druckgefälles.

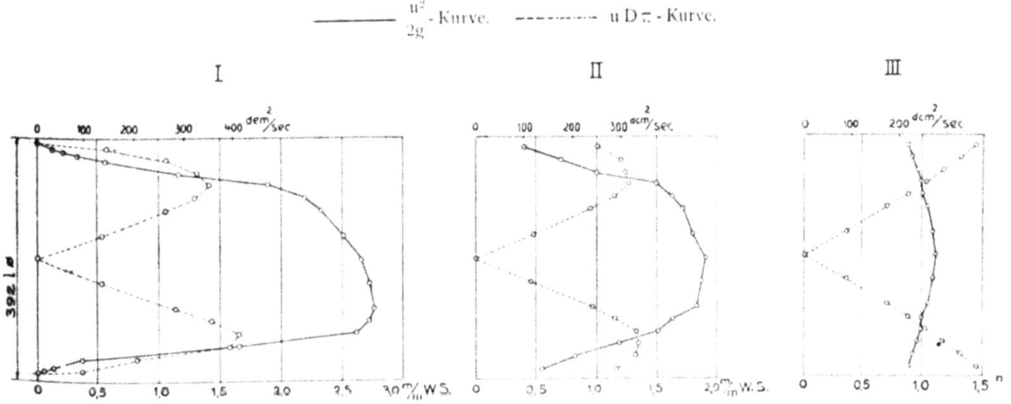

Fig. 3.

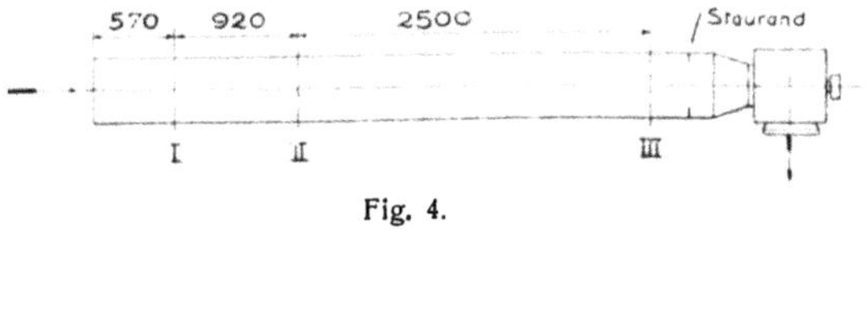

Fig. 4.

Die Zuverlässigkeit der Druckmessung mittels Rohrwandröhrchen.

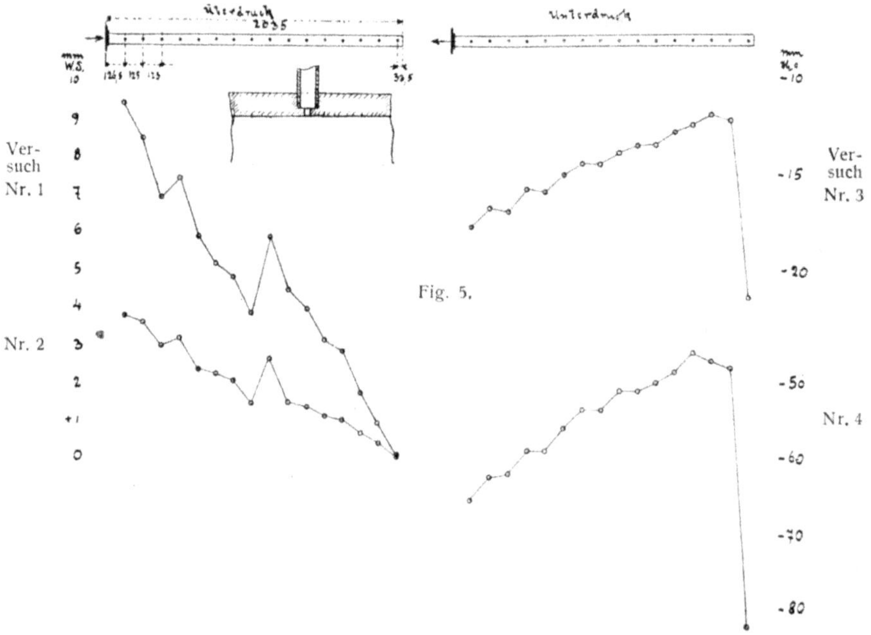

Fig. 5.

Druckverhältnisse an der Rohrwand vor und hinter einer Drosselscheibe.

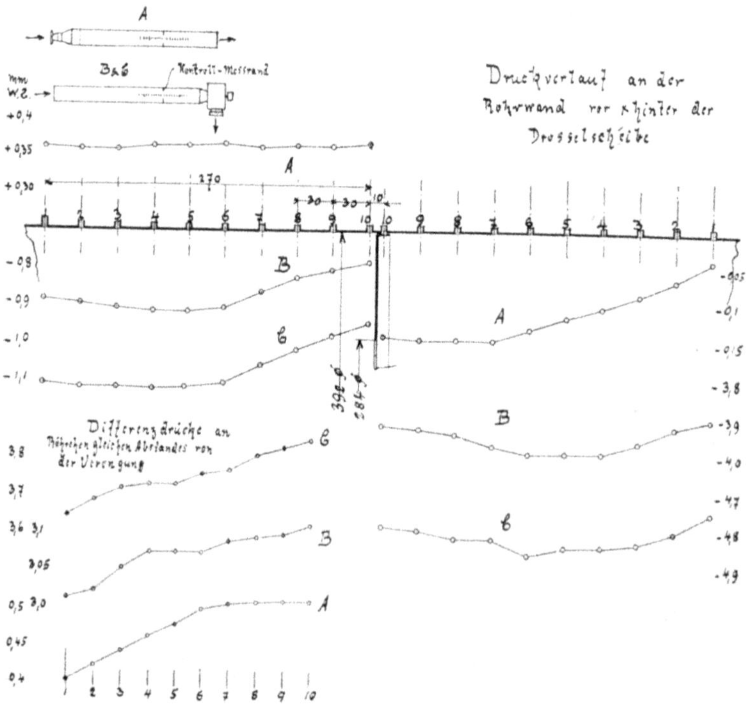

Fig. 6.

Tabelle 1.

Radiale Aenderung des Staudruckes auf Drosselscheiben.

$D = 392$ mm
$D_0 = 150$ „
$F = 12{,}07$ dcm²
$F_0 = 1{,}77$ „
$\beta = 0{,}147$
Randbreite $b = 121$ mm

$$k = \frac{1}{0{,}125^{\frac{1}{2{,}02}}} = 2{,}8$$

$$d'_{max} + 1 - d' = e^{\varkappa \left(\frac{x}{b}\right)^{\nu}}$$

$d'_{max} = 124{,}5$

$\varkappa = 4{,}5 \quad \nu = 3{,}25$

Nummer des Röhrchens. . . .					1	2	3	4	5	6	7	8	9	10	
Entfernung von der Rohrwand x					59,2	74,3	90,0	99,0	104,3	108,3	110,8	·113,8	116,4	118,2	mm
V lit/sec	w_0 m/sec	$w_0^{2,02}$	γ kg/m³												
58	3,27	11	1,165	$\frac{d}{\gamma}$	1,37	1,34	1,31		1,18	1,06	1,04	0,98	0,836	0,678	mm H_2O
				$\frac{h/\gamma}{11}$	0,1245	0,122	0,119		0,107	0,0965	0,0945	0,089	0,076	0,0617	„
110	6,2	40	1,172	$\frac{d}{\gamma}$	5,0	4,93	4,7	4,6	4,33	3,95	3,88	3,55	3,11	2,43	mm H_2O
				$\frac{h/\gamma}{40}$	0,125	0,123	0,118	0,115	0,108	0,0988	0,097	0,89	0,0778	0,0607	„
131	7,39	57	1,173	$\frac{d}{\gamma}$		6,98	6,88	6,56	6,24	5,58	5,53	5,3	4,4	3,45	mm H_2O
				$\frac{d/\gamma}{57}$		0,1225	0,1205	0,115	0,109	0,098	0,097	0,093	0,077	0,0605	„
$d' = \frac{d}{\gamma} : w_0^{2,02}$ im Mittel 0,001 H_2O					0,1248	0,1225	0,1192	0,115	0,108	0,0978	0,962	0,0903	0,0769	0,061	mm H_2O

Tabelle 1 (Fortsetzung).

Radiale Aenderung des Staudruckes auf Drosselscheiben.

$D = 392$ mm
$D_0 = 237$ „
$F = 12,07$ dcm²
$F_0 = 4,42$ „
$\beta = 0,366$
Randbreite $b = 77,5$ mm

$$k = \frac{1}{0{,}123{,}5^{\frac{1}{2{,}04}}} = 2{,}8$$

$d'_{max} = 0{,}123{,}5$

$d'_{max} + 1 - d' = e^{4{,}5\left(\frac{x}{b}\right)^{1{,}95}}$

für d' in 0,001 mm H_2O

V lit/sec	w_0 m/sec	$w_0^{2,04}$	γ kg/m³	Nummer des Röhrchens	1	2	3	4	5	6	7	8	9	10	
				Entfernung von der Rohrwand x	16,0	31,0	45,5	55,0	60,5	64,5	67,8	71,0	72,5	74,7	mm
63	1,425	2,06	1,174	$\frac{d}{\gamma}$			0,25	0,23	0,22		0,185	0,16	0,14	0,12	mm H_2O
				$\frac{d/\gamma}{2{,}06}$			0,122	0,112	0,107		0,09	0,078	0,068	0,058	„
103,5	2,34	5,65	1,174	$\frac{d}{\gamma}$	0,695	0,69	0,66	0,66	0,62	0,558	0,511		0,435		mm H_2O
				$\frac{d/\gamma}{5{,}65}$	0,123	0,122	0,117	0,117	0,11	0,097	0,0905		0,077		„
136	3,09	10,3	1,172	$\frac{d}{\gamma}$		1,21	1,2	1,16	1,14	1,03	0,93	0,8	0,78	0,593	mm H_2O
				$\frac{d/\gamma}{10{,}3}$		1,18	0,117	0,113	0,11	0,1	0,0903	0,078	0,076	0,0575	„
286	6,46	45,5	1,178	$\frac{d}{\gamma}$	5,57	5,52	5,4	5,22	4,95	4,5	4,15	3,44	3,31	2,63	mm H_2O
				$\frac{d/\gamma}{45{,}5}$	0,1235	0,1213	0,1188	0,115	0,109	0,099	0,0912	0,076	0,073	0,0577	„
				$d' = \frac{d}{\gamma} : w_0^{2,04}$ im Mittel	0,123	0,1204	0,119	0,1145	0,109	0,099	0,0906	0,0777	0,073	0,0583	mm H_2O

Tabelle 1 (Fortsetzung).

Radiale Aenderung des Staudruckes auf Drosselscheiben.

$D = 392$ mm
$D_0 = 349$ „
$F = 12{,}07\ dcm^2$
$F_0 = 9{,}59$ „
$\beta = 0{,}785$
Randbreite $b = 21{,}5$
$d'_{max} = 0{,}071$

$$k = \frac{1}{0{,}071^{\frac{1}{2,2}}} = 0{,}3$$

$$d'_{max} + 1 - d' = e^{4,08\left(\frac{x}{b}\right)^{1,19}}$$

für d' in 0,001 mm

V lit/sec	w_0 m/sec	$w_0^{2,2}$	γ kg/m³	Nummer des Röhrchens / Entfernung von der Rohrwand x	1 / 5,5	2 / 8,6	3 / 12,0	4 / 14,5	5 / 17,1	6 / 18,5
143	1,505	2,46	1,165	$\frac{d}{\gamma}$		0,168	0,163	0,142	0,12	
				$\frac{h/\gamma}{2,46}$		0,0683	0,0662	0,0577	0,0488	
222	2,34	6,52	1,165	$\frac{d}{\gamma}$	0,465	0,435	0,41			0,215
				$\frac{d/\gamma}{6,52}$	0,0713	0,0667	0,063			0,033
297	3,13	12,35	1,169	$\frac{d}{\gamma}$	0,86	0,85	0,82	0,72	0,55	0,38
				$\frac{d/\gamma}{12,35}$	0,0696	0,0688	0,0664	0,0583	0,0445	0,0312
				$d' = \frac{d}{\gamma} : w_0^{2,2}$ im Mittel	0,0705	0,0679	0,0655	0,058	0,0466	0,0321

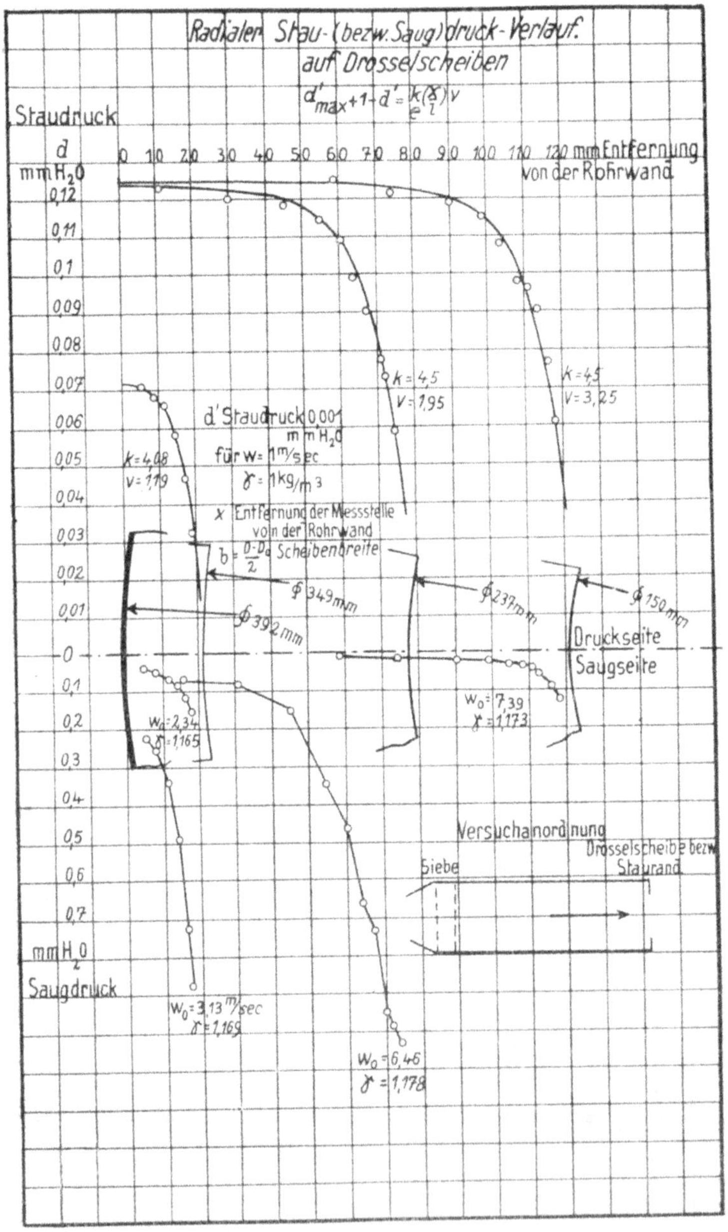

Fig. 7 (zu Tabelle 1).

Tabelle 2.

Aenderung der Drücke
an der Drosselscheibe 391/355 mit der Entfernung von scharf abgesetzten Eintrittsöffnung aus freiem Raum.

Nr.	Messungen der Luftmenge V lit/sec und Luftgeschwindigkeit w m/sec bezogen auf den lichten Rohrquerschnitt							Nummer der Versuchsreihe	1	2	3	4	5	6	7	8	9	10
	Luft-dichte γ kg/cbm	Kontrollscheibe 392/285 Druck-differenz h mm WS.	Kontrollscheibe 392/285 $V = 5 + 198\sqrt{h/\gamma}$ lit/sec	Kontrollscheibe 392/285 $V = 5 + 198\sqrt{h/\gamma}$ m/sec	Versuchsscheibe 391/355 Druck-differenz h mm WS	Versuchsscheibe 391/355 $V = 9 + 395\sqrt{h/\gamma}$ lit/sec	Versuchsscheibe 391/355 $V = 9 + 395\sqrt{h/\gamma}$ m/sec	Länge des Rohrstückes zwischen der scharfabgesetzten Rohrerweiterung und der Drosselscheibe (Vorsatzrohrlänge) mm	56	352	710	1071	1193	1484	1855	2082	2268	2439
								Vielfaches des Rohrdurchmessers	0,14	0,9	1,8	2,7	3,0	3,8	4,7	5,3	5,7	6,2
I	1,2	2,65	299	2,48	0,65	300	2,49	*) Stauseite mm WS.	−1,46	−0,95	−0,62	−0,53	−0,54	−0,58	−0,53	−0,53		
								Saugseite „	−1,32	−1,05	−1,16	−1,2	−1,22	−1,25	−1,17	−1,17		
								Druck-differenz „	−0,14	+0,1	+0,54	0,67	0,68	0,67	0,64	0,65		
II	1,2	3,4	338	2,8	0,85	342	2,84	Stauseite mm WS.	−1,82	−1,18	−0,82	−0,7	−0,7	−0,73	−0,69	−0,69		
								Saugseite „	−1,65	−1,34	−1,50	−1,55	−1,56	−1,59	−1,54	−1,54		
								Druck-differenz „	−0,17	+0,16	+0,68	0,85	0,86	0.86	0,85	0,85		
III	1,2	6,6	469	3,89	1,65	472	3,91	Stauseite mm WS.	−3,9	−2,28	−1,38	−1,35	−1,35	−1,45	−1,42	−1,44		
								Saugseite „	−3,45	−2,64	−2,73	−3,0	−3,05	−3,14	−3,07	−3,09		
								Druck-differenz „	−0,45	+0,36	+1,35	1,65	1,7	1,66	1,65	1,65		
IV	1,2	12,5	645	5,35	3,05	642	5,33	**) Stauseite mm WS.	−6,0	−3,7	−2,8	−2,6	−2,6	−2,55	−2,5	−2,5	−2,55	−2,55
								Saugseite „	−5,5	−4,4	−4,9	−5,3	−5,4	−5,5	−5,55	−5,6	−5,6	−5,6
								Druck-differenz „	−0,5	+0,7	+2,1	2,7	2,8	2,95	3,05	3,1	3,05	3,05

*) Dazu Fig. 8. **) Dazu Fig. 9.

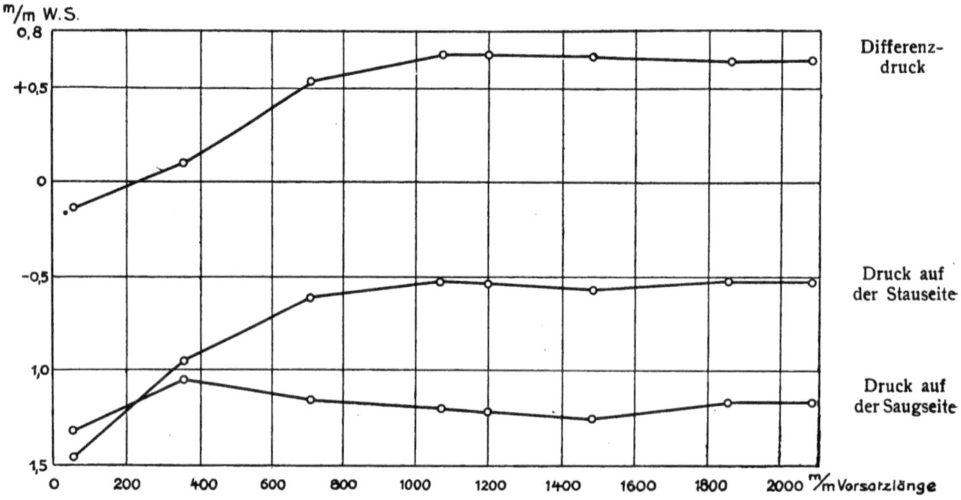

Fig. 8 (zu Tabelle 2 Versuch Nr. I).

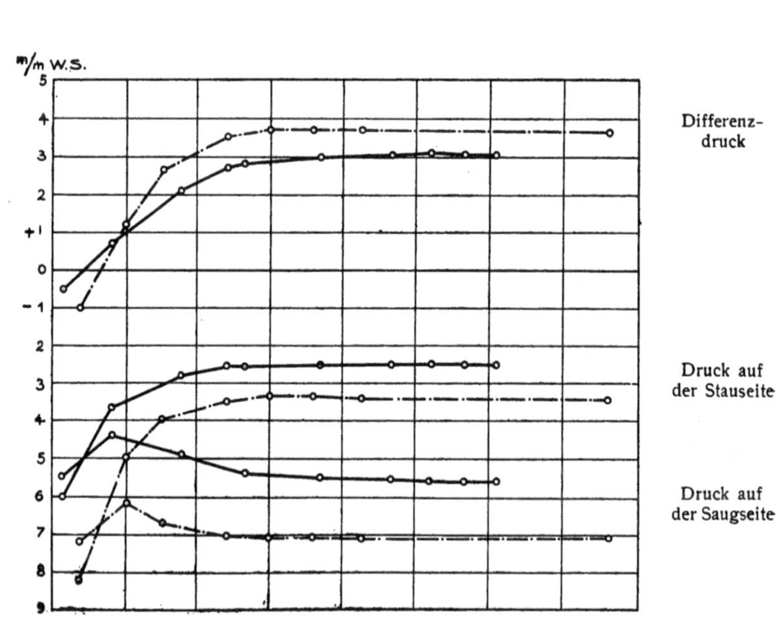

Fig. 9

(——— zu Tabelle 2 Versuch Nr. IV
—·—·—·— zu Tabelle 4 Versuch Nr. I).

Tabelle 8.

A. Aenderung der Drücke an der Drosselscheibe 392/280 mit der Entfernung derselben von scharf abgesetzter Eintrittsöffnung aus freiem Raum.

Nr.	Luftdichte γ kg/cbm	Messungen der Luftmenge V mittels Kontrollscheibe 392/285: Druckdifferenz h mm WS.	$V = 5 + 198 \sqrt{h/\gamma}$ lit/sec	$V = 5 + 198 \sqrt{h/\gamma}$ m/sec	mittels Versuchsscheibe 392/280: Druckdifferenz h mm WS.	$V = 5 + 190 \sqrt{h/\gamma}$ lit/sec	$V = 5 + 190 \sqrt{h/\gamma}$ m/sec	Nummer der Versuchsreihe	1	2	3	4	5	6	7	8	9	10	11	12
								Länge des Rohrstückes zwischen der scharf abgesetzten Rohrquerschnittsänderung und der Drosselscheibe (Vorsatzlänge) . . . . . mm	400	665	1010	1348	1520	1776	1840	2270	2620	2960	3290	3645
								in Vielfachem des lichten Rohrdurchmessers	1,0	1,7	2,6	3,4	3,9	4,5	4,7	5,8	6,7	7,6	8,4	9,3
I	1,22	0,265	93	0,813	0,3	99	0,82	*) Stauseite	−0,08	0,09	0,1	0,08		0,07		0,085	0,085	0,09	0,1	0,1
								Saugseite	−0,28	0,39	0,47	0,49		0,42		0,395	0,39	0,39	0,4	0,4
								Druckdifferenz	+0,2	0,3	0,37	0,41		0,35		0,31	0,305	0,3	0,3	0,3
II	1,22	3,5	341	2,83	3,9	345	2,86	Stauseite	−1,13	1,2	1,4	1,55		1,7		1,6	1,4	1,4	1,4	1,5
								Saugseite	−3,8	4,6	5,1	5,45		5,7		5,65	5,4	5,3	5,3	5,4
								Druckdifferenz	+2,67	3,4	-3,7	3,9		4,0		4,05	4,0	3,9	3,9	3,9
III	1,22	16,8	740	6,14	18,3	741	5,15	**) Stauseite	− 5,2	5,4	5,5	5,5		5,5		5,4	5,1	4,5	4,0	4,0
								Saugseite	−16,7	22,1	23,9	24,1		24,3		24	23,5	22,8	22,3	22,3
								Druckdifferenz	+11,5	16,7	18,4	18,6		18,8		18,6	18,4	18,3	18,3	13,3

B. Aenderung der Drücke an der Drosselscheibe 392/280 mit Entfernung von einer Rohrverengung (vorgesetztem Trichter).

Nr.	Luftdichte γ kg/cbm	Kontrollscheibe h mm WS.	lit/sec	m/sec	Versuchsscheibe h mm WS.	lit/sec	m/sec		1	2	3	4	5	6	7	8	9	10	11	12
IV	1,21	3,4	337	2,8	3,7	337	2,8	***) Stauseite		−52,5	−50,0	−46,0	42,5		40,2	39,7	39,3	39,3	39,3	39,5
								Saugseite		−49,0	−51,0	−49,2	46,0		44,0	43,5	43,0	43,0	43,0	43,2
								Druckdifferenz		− 3,5	+ 1,5	+ 3,2	3,5		3,8	3,8	3,7	3,7	3,7	3,7
V	1,21	7,05	483	3,9	7,5	478	3,9	Stauseite		−99,0	−92,0	−85,0	83,0		82,0	81,8	81,7	81,7	81,5	
								Saugseite		−94,0	−95,5	−92,0	90,5		89,8	89,5	89,3	89,3	89,0	
								Druckdifferenz		− 5,0	+ 3,5	+ 7,0	7,5		7,8	7,7	7,6	7,6	7,5	

*) Dazu Fig. 10. **) Dazu Fig. 12. ***) Dazu Fig. 11.

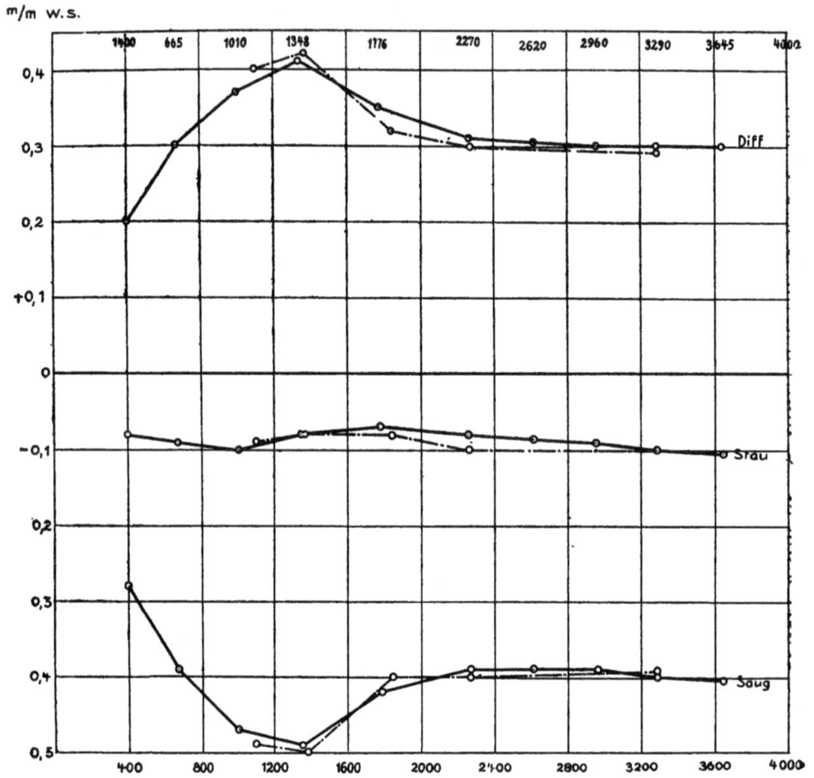

Fig. 10
(——— zu Tabelle 3 Versuch Nr. I,
—·—·—·— zu Tabelle 5 Versuch Nr. I.)

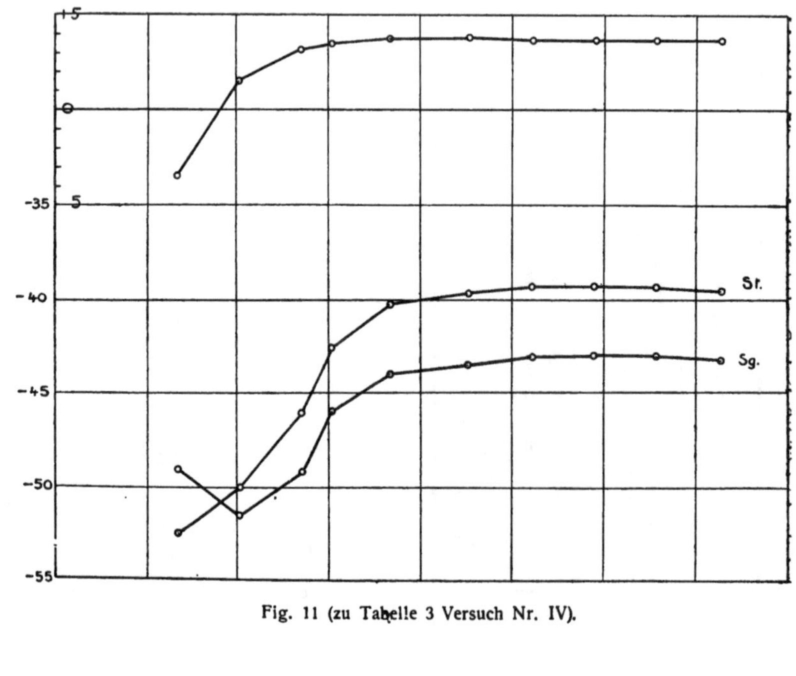

Fig. 11 (zu Tabelle 3 Versuch Nr. IV).

Tabelle 4.

Einfluß der Vorschaltung eines Siebes auf die Druckmessung an Drosselscheibe 392/357.

Nr.	Messung der Luftmenge V: Luftdichte γ kg/cbm	Kontrollscheibe 392/280: Druckdifferenz h mm WS.	Kontrollscheibe 392/280: $V = 5 + 190 \sqrt{h/\gamma}$ lit/sec	Kontrollscheibe 392/280: m/sec	Versuchsscheibe 392/357: Druckdifferenz h mm WS.	Versuchsscheibe 392/357: $V = 10 + 403 \sqrt{h/\gamma}$ lit/sec	Versuchsscheibe 392/357: m/sec	Nummer der Versuchsreihe	1	2	3	4	5	6	7	8	9	10
								Länge des Rohrstückes zwischen Rohrerweiterung und Drosselscheibe mm	150	400	600	970	1200	1440	1710	1860	2735	3050
								Vielfaches	0,4	1,0	1,5	2,5	3,0	3,7	4,4	4,7	7,0	7,8
								sowie zwischen Sieb und Drosselscheibe mm		400	600	800	800	800	800	800	800	800
								Vielfaches		1,0	1,5	2,0	2,0	2,0	2,0	2,0	2,0	2,0
I								Ohne Sieb										
	1,22	16,8	710	5,92	3,65	708	5,9	*) Stauseite	−8,2	−5,0	−4,0	3,5	3,35	3,35	3,4			3,4
								Saugseite	−7,2	−6,2	−6,65	7,0	7,05	7,05	7,1			7,05
								Druckdifferenz	−1,0	+1,2	+2,65	3,5	3,70	3,70	3,7			3,65
II								Mit Sieb										
					3,6	698	5,85	Stauseite		21,5	22,0					22,0	22,1	22,1
								Saugseite		25,25	25,7					25,5	25,7	25,7
								Druckdifferenz		3,75	3,7					3,6	3,6	3,6

*) Dazu Fig. 9.

Tabelle 5.

Einfluß der Vorschaltung eines Siebes auf die Druckmessung von Drosselscheibe 392/285.

Nr.	Luftdichte γ kg/cbm	Kontrollscheibe 392/280: Druckdifferenz h mm WS.	Kontrollscheibe 392/280: $V=5+190\sqrt{h/\gamma}$ lit/sec	Kontrollscheibe 392/280: m/sec	Versuchsscheibe 392/285: Druckdifferenz h mm WS.	Versuchsscheibe 392/285: $V=5+198\sqrt{h/\gamma}$ lit/sec	Versuchsscheibe 392/285: m/sec	Nummer der Versuchsreihe	1	2	3	4	5	6	7	8	9	10	11	12	13	14	15	16
								Länge des Rohrstückes zwischen Rohrerweiterung und Drosselscheibe sowie zwischen Sieb und Drosselscheibe mm	430		1160				1365					1840		2270	2626	3290
								Vielfaches	1,1		2,8				3,5					4,7		5,8	6,7	8,4
								mm	400	400	800	1100	400	600	800	1000	1350	400	600	800	1000	600	600	600
								Vielfaches	1,0	1,0	2,0	2,8	1,0	1,5	2,0	2,5	3,5	1,0	1,5	2,0	2,5	1,5	1,5	1,5
I	1,21	0,3	100	0,83	0,29	102	0,83	Ohne Sieb																
								*)Stauseite mm WS.			−0,09				0,08					0,08		0,1		0,1
								Saugseite „			−0,49				0,5					0,4		0,4		0,39
								Druckdifferenz „			+0,4				0,42					0,32		0,3		0,29
II					0,28	100		Mit Sieb																
								Stauseite mm WS	−0,48	0,48	0,475	0,47	0,455		0,45		0,45					0,4		0,4
								Saugseite „	−0,79	0,79	0,78	0,77	0,76		0,75		0,74					0,68		0,68
								Druckdifferenz „	+0,31	0,31	0,305	0,3	0,305		0,3		0,29					0,28	0,28	0,28
III	1,21	16,8	713	5,9	15,5	714	5,9	Ohne Sieb																
								**)Stauseite mm WS	− 3,2		3,7				4,0					4,0		3,8	3,5	2,9
								Saugseite „	−13,4		19,0				19,7					19,5		19,3	19,0	18,4
								Druckdifferenz „	+10,2		15,3				15,7					15,5		15,5	15,5	15,5
IV					15,2	708		Mit Sieb																
								Stauseite mm WS.	−14,5	15,0			15,5	15,0	15,2	15,0		15,3	15,5	15,5	15,0	15,0	15,0	15,0
								Saugseite „	−29,3	30,2			30,8	30,2	30,3	30,1		30,7	30,6	30,5	30,0	30,1	30,2	30,2
								Druckdifferenz „	+14,8	15,2			15,3	15,2	15,1	15,1		15,4	15,1	15,0	15,0	15,1	15,2	15,2

*) Dazu Fig. 10. **) Dazu Fig. 12.

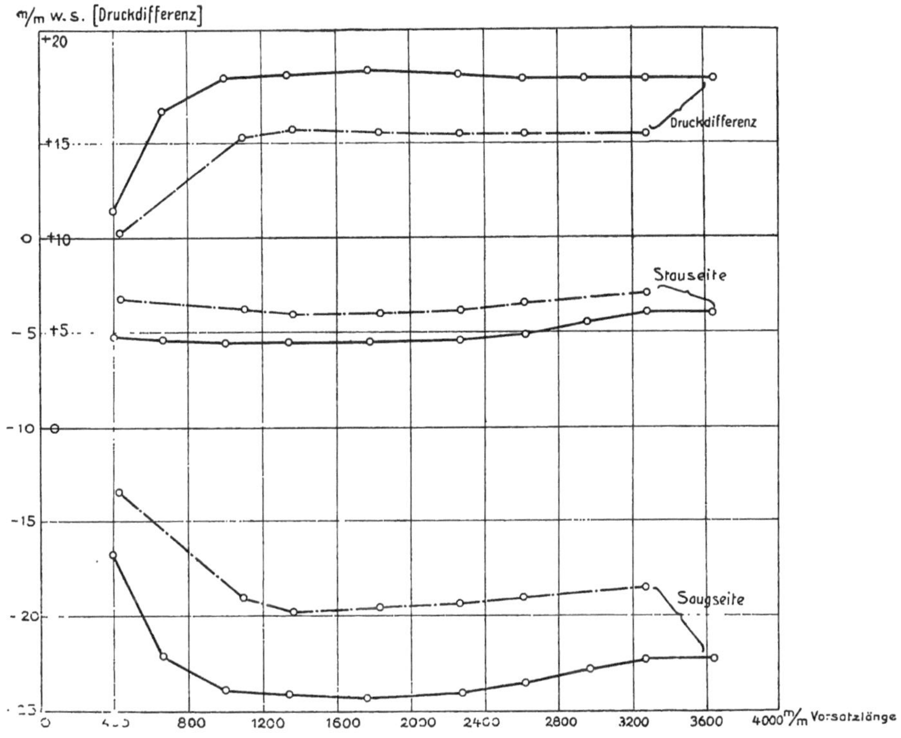

Fig 12.

(——— zu Tabelle 3 Versuch Nr. III,
—·—·— zu Tabelle 5 Versuch Nr. III.)

Tabelle 6.

A. Beeinflussung der Druckmessung auf Drosselscheibe 392/280 durch Entfernung einer Rohrerweiterung hinter der Drosselscheibe.

Nummer der Versuchsreihe								1	2	3	4	5	6	7	8	9	10
Rohrlänge hinter der Drosselscheibe bis zur Rohrerweiterung							mm	150	265	300	426	526	750	1100	1756	2660	3050
							Vielfaches	0,4	0,68	0,77	1,1	1,34	1,92	2,8	4,5	6,8	7,8
Messung der Luftmenge V																	
Luftdichte	Kontrollscheibe 392/285			Versuchsscheibe 292/280													
	Druckdifferenz	$V=5+190\sqrt{h/\gamma}$		Druckdifferenz	$V=5+198\sqrt{h/\gamma}$												
γ kg/cbm	h mm WS.	lit/sec	m/sec	h mm WS.	lit/sec	m/sec											
1,2	0,25	92	0,76	0,23	92	0,76	Stauseite mm WS.	+0,2	+0,2	+0,2	0,19	0,185	0,175	0,165	0,155	0,13	0,13
							Saugseite "	+0,005	±0,0	−0,02	−0,05	−0,06	−0,075	−0,08	−0,085	−0,1	−0,1
							Druckdifferenz "	+0,195	0,2	0,22	0,24	0,245	0,25	0,245	0,24	0,23	0,23
1,2	15,5	688	5,7	13,8	679	5,6	Stauseite mm WS.	+13,5		11,7	10,1	9,3	8,6	8,0	7,8	7,4	7,4
							Saugseite "	+ 0,1		− 2,0	− 3,7	− 4,6	− 5,4	− 6,0	− 6,2	− 6,4	− 6,5
							Druckdifferenz "	13,4		13,7	13,8	13,9	14,0	14,0	14,0	13,9	13,9

B. Einfluß eines Siebes zwischen Drosselscheibe und der Rohrerweiterung.

Nummer der Versuchsreihe								1	2	3	4	5	6	7	8	9	10	11	12
Entfernung des Siebes von der Drosselscheibe							mm	160	230	270	230	400	500	230	720	230	1070	1720	2630
1,2	0,25	92	0,76	0,24	93,5	0,77	Stauseite mm WS.	0,23	0,2	0,2	0,2		0,185		0,18	0,2	0,16		0,16
							Saugseite "	−0,05	−0,06	−0,06	−0,06		−0,065		−0,07	−0,06	−0,08		−0,08
							Druckdifferenz "	0,28	0,26	0,26	0,26		0,25		0,25	0,26	0,24		0,24
1,2	15,5	688	5,7	14,0	682	5,7	Stauseite mm WS.		12,3	12,2	12,3	12,2	12,1	12,3		12,3	12,0	12,0	12,0
							Saugseite "		− 2,0	− 2,0	− 2,0	− 2,0	− 2,0	− 2,0		− 2,0	− 2,0	− 2,0	− 2,0
							Druckdifferenz "		14,3	14,2	14,3	14,2	14,1	14,3		14,3	14,0	14,0	14,0

Tabelle 7.

Einfluß von Rohr-Richtungsänderung und Querschnittsverengung hinter Drosselscheibe 392/285 auf die Druckmessung.

Messung der Luftmenge V lit/sec und der Luftgeschwindigkeit w m/sec bezogen auf den Rohrquerschnitt							Nummer der Versuchsreihe	1	2	3	4	5	6	7
							Versuchseinrichtung hinter der Drosselscheibe	Verengung 150 mm Ø	Verengung 200 mm Ø	Verengung 236 mm Ø	Verengung 340 mm Ø	Rohrkrümmer von 700 mm Radius	Scharf rechtwinkliges Eckstück	T Stück Abzweig u. Durchgang offen
							Länge des geraden Rohrstückes bis zur Versuchseinrichtung mm Vielfaches d. Rohrdurchmessers	265	265	265	265	265	665	665
Luftdichte	Kontrollscheibe 392/280			Versuchsscheibe 392/285			Länge des Formstückes von Richtungsänderung bis zur Rohrerweiterung mm					1100	400	400
γ kg/cbm	Druckdifferenz h mm WS.	$V = 5 + 190 \sqrt{h/\gamma}$ lit/sec	m/sec	Druckdifferenz h mm WS.	$V = 5 + 198 \sqrt{h/\gamma}$ lit/sec	m/sec	Länge der gesamten Rohrlänge von Drosselscheibe bis Rohrerweiterung mm	265	265	265	265	1365	1065	1065
1,2	0,25	92,5	0,76	0,24	98,5	0,77	Stauseite . . . . . . mm WS.	2,95	1,0	0,27		0,18	0,19	0,17
							Saugseite . . . . . . „	2,75	0,8	0,06		0,04	0,04	0,07
							Druckdifferenz . . . . „	0,2	0,2	0,21		0,22	0,23	0,24
1,2	16,5	710	5,85	14,5	694	5,73	Stauseite . . . . . . mm WS.		55,7	20,0	12,2	11,5	12,0	12,5
							Saugseite . . . . . . „		42,0	+ 6,0	− 2,2	− 2,2	− 2,0	− 2,0
							Druckdifferenz . . . . „		13,7	14,0	14,4	13,7	14,0	14,5

Tabelle 8.

Aenderung der Drücke an den gleichliegend und gegenüber einer Halbkreisblende befindlichen Meßstellen einer Drosselscheibe mit der Entfernung der Drosselscheibe von der Halbkreisblende.

Nummer der Versuchsreihe		1 (Fig. 13)						2 (Fig. 14)					
Abmessungen der Versuchsscheibe D/D_0 mm		91,7 / 62,8						91,7 / 62,8					
Luftmenge lit/sec		44,3						52					
Mittlere Geschwindigkeit im Rohrquerschnitt m/sec		6,7						7,88					
Abstand zwischen Halbkreisblende u. Versuchsscheibe		Gleichliegend mit d. Blende 180° Drücke auf der			Gegenüber der Blende 0° Drücke auf der			Gleichliegend mit d. Blende 180° Drücke auf der			Gegenüber der Blende 0° Drücke auf der		
mm	Vielfaches des lichten Rohrdurchmessers	Stauseite mm WS.	Saugseite mm WS.	Druckdifferenz mm WS.	Stauseite mm WS.	Saugseite mm WS.	Druckdifferenz mm WS.	Stauseite mm WS.	Saugseite mm WS.	Druckdifferenz mm WS.	Stauseite mm WS.	Saugseite mm WS.	Druckdifferenz mm WS.
100	1,1			25,0			30,5			35,0			41,2
150	1,6			23,0			28,5			30,7			39,0
200	2,2	19,8	—2,5	22,3	23,2	—2,8	26,0	26,5	—3,3	29,8	33,3	—3,0	36,3
250	2,7			21,7			23,5			30,0			33,5
300	3,3	18,5	3,5	22,0	18,0	3,0	21,0	25,8	5,0	30,8	26,0	3,0	29,0
350	3,8			22,8			21,4			31,5			30,8
400	4,4	19,2	4,5	23,7	19,8	3,5	23,3	26,8	6,0	32,8	27,0	5,0	32,0
450	4,9			24,5			24,0			34,3			33,2
500	5,5	20,6	4,7	25,3	20,8	4,0	24,8	28,0	6,8	34,8	28,3	6,0	34,3
550	6,0			25,7			25,1			35,3			35,0
600	6,6	21,1	4,5	25,6	21,0	4,2	25,2	28,7	7,0	35,7	29,0	6,3	35,3
650	7,1			26,0			25,2			36,0			35,5
700	7,7	21,5	4,8	26,3	21,0	4,3	25,3	29,2	7,0	36,2	29,2	6,5	35,7

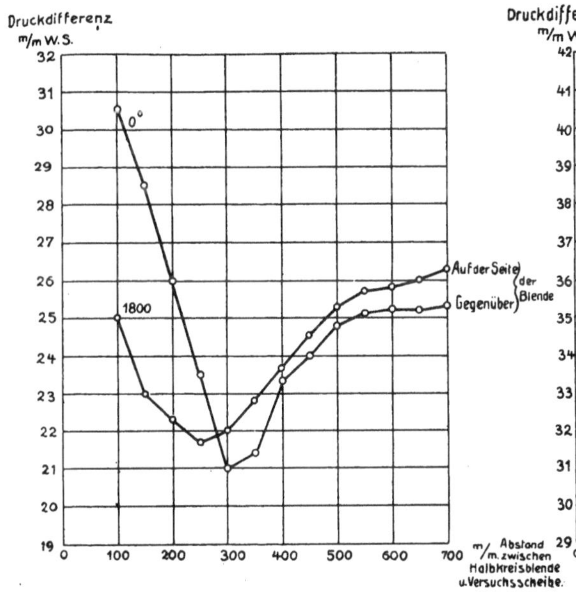

Fig. 13 (zu Tabelle 8; 1).

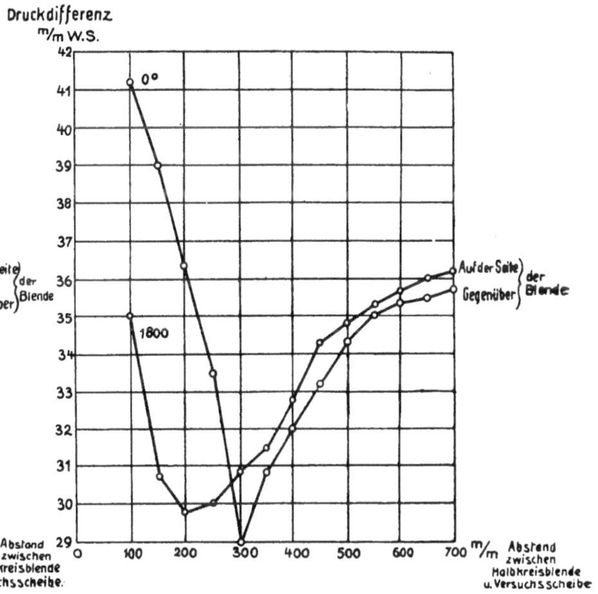

Fig. 14 (zu Tabelle 8; 2).

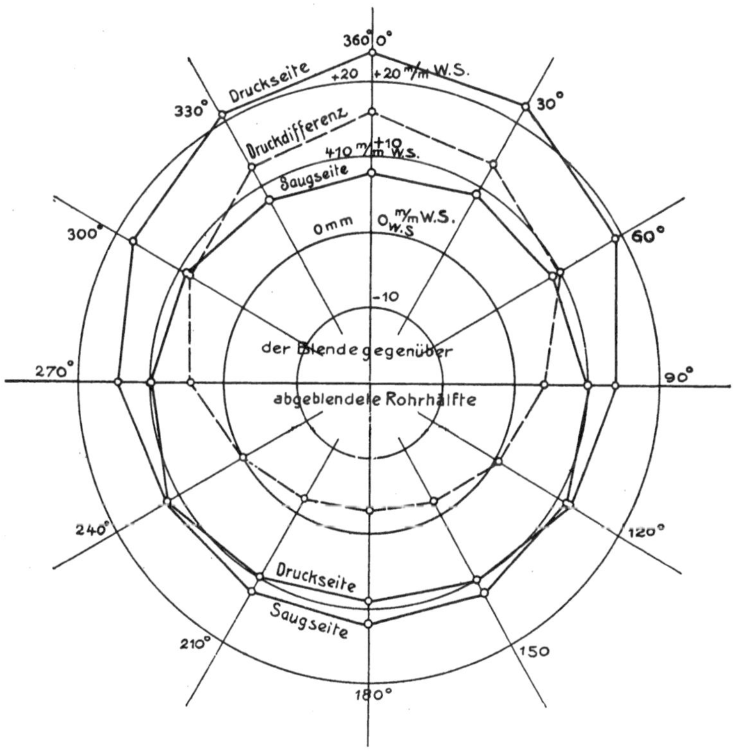

Fig. 15 (zu Tabelle 10, Seite 63).

Tabelle 9.

Drücke auf Drosselscheiben hinter Rohrkrümmern und T Stücken an Meßstellen, die in der Rohrmittelebene auf der Seite der Richtungsänderung und auf der entgegengesetzten Seite liegen.

Nummer der Versuchsreihe		1	2	3	4	5	6
Abmessungen der Versuchsscheibe D/D_0 mm		104 / 80,5	104 / 80,5	104 / 80,5	104 / 80,5	390,5 / 150	390,5 / 150
Entfernung Mitte abgelenktes Rohr bis Versuchsscheibe . . . . mm		360	620	620	560	700	400
Vielfaches d. licht. Rohrdurchmessers		3,46	6,0	6,0	5,40	1,8	1
Art der Ablenkung		Scharfes Kniestück	Scharfes Kniestück	Scharfes Kniestück	Krümmer mit ca. 200 mm Radius der Achse	Krümmer mit 700 mm Radius der Achse	T Stück durchgehend. Oeffnung abgeflanscht
Luftmenge . . . . lit/sec		49	49	69,2	49	45	45
Mittl. Geschwindigk. i. Rohrquerschnitt m/sec		5,73	5,73	8,15	5,73	0,375	0,375
180° auf der Seite der Richtungsänderung	Stauseite mm WS.	7,0	6,7	12,8	6,7	1,18	1,18
	Saugseite „	— 3,2	—2,8	— 5,0	—2,0		
	Differenzdruck „	10,2	9,5	17,8	8,7		
0° Gegenüber der Richtungsänderung	Stauseite mm WS.	7,8	7,0	12,4	7,5	1,08	1,15
	Saugseite „	— 3,5	—2,8	— 4,4	—2,0		
	Differenzdruck „	11,3	9,8	16,8	9,5		
Verschiedenheit der Differenzdrücke bei 180° und 0°. Der Druck bei 180° in Prozenten des Druckes bei 0° angegeben		90%	97%	106%	91,5%	109%	103%

Tabelle 10.*)

Zirkulare Druckverteilung auf dem Umfang einer Drosselscheibe bei exzentrischer Geschwindigkeitsverteilung über den Rohrquerschnitt (vor der Drosselscheibe befindet sich eine Halbkreisblende.)

Nummer der Versuchsreihe	1	2	3	4		
Abmessungen der Versuchsscheibe D/D_0 . . . mm	91,7 / 62,8	91,7 / 62,8	91,7 / 62,8	104 / 80,5		
Luftmenge . . . lit/sec	54,1	54,1	54,1	38,2		
Mittlere Geschwindigkeit im Rohrquerschnitt . . . m/sec	8,2	8,2	8,2	4,5		
Abstand zwischen Halbkreisblende und Versuchsscheibe mm	92	238	284	195		
im Vielfachen des lichten Rohrdurchmessers D	1,0	2,6	3,1	1,88		
Winkellage des Meßstelle 0°,360° liegt der Blende gegenüber	Druck-differenz	Druck-differenz	Druck-differenz	Druck auf der		Druck-differenz
				Stauseite	Saugseite	
Grade	mm WS.	mm WS.	mm WS.	mm WS.	mm WS.	mm WS.
0 (360)	48,0	36,5	32,6	+24,0	+ 8,0	16,0
30				22,5	9,0	13,5
60	41,0	33,0	29,0	19,0	9,0	10,0
90				14,0	10,0	4,0
120	25,5	29,0	26,0	12,0	11,5	0,5
150				10,0	12,0	— 2,0
180	23,5	27,0	25,0	9,0	12,0	— 3,0
210				10,0	12,0	— 2,0
240	39,5	27,0	30,0	12,0	11,5	
270				14,5	10,0	4,5
300	48,0	36,0	33,5	17,5	9,0	8,5
330				21,0	8,0	13,0

*) Dazu Fig. 15.

Tabelle 11.

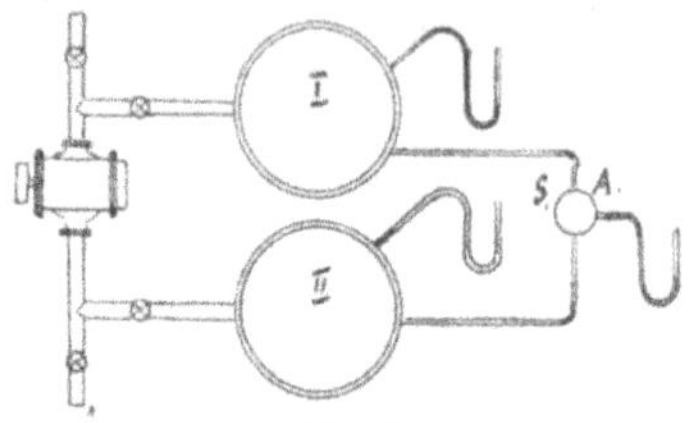

Fig. 16.

Justierung eines Druck-Sammelausgleichers.

Nr. der Anschlußstelle und des Behälters		Druck in mm H_2O im Behälter I	Behälter II	Ausgleicher	Wirkliches Mittel	Fehler des Ausgleiches	Vergleich der Anschlußwiderstände
5	II 6	+110	+12,5	49	48,75	+0,25	
6	5	+107	+12,5	47	47,25	−0,25	
6	7	105	12	46	46,5	−0,5	
7	6	105,5	12	47,5	46,75	+0,75	
7	8	104	11,5	47	46,25	+0,75	
8	7	105	11,5	46,5	46,75	−0,25	
8	9	109	13	43	48	−5	9 < 8 (Widerstand 9 ist zu klein)
9	8	113	13,5	55	49,75	+5,25	
9	10	115	14	57	50,5	+6,5	9 < 10 (Widerstand 9 ist zu klein)
10	9	111,5	13	45	49,25	−4,25	
10	11	109	13	47	48	−1	
11	10	112	12,5	51	49,75	+1,25	
12	12	90,5	11	39	39,75	−0,75	
12	11	94	11	42	41,5	+0,5	

Tabelle 12.

Anordnung
1
2
3
4

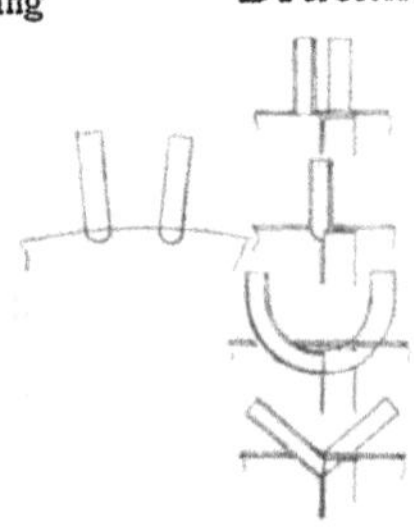

Fig. 17.

Druckmessung in der Ecke: Rohrwand-Drosselscheibe.
(mm WS.)

Anordnung	Druckseite	Saugseite	Differenz	Druckseite	Saugseite	Differenz	Druckseite	Saug-Seite	Differenz
1	7,1	1,4	8,5	22,5	7,5	30	44	15	59
2	—	—	9	—	—	31,5	—	—	63
3	7,4	1,8	9,15	23	9	32	45	19	64
4	—	—	9,15	—	—	32	—	—	64

Tabelle 18.

Erprobung eines Drucksammlers und Ausgleichers mit 3 Druckanschlüssen.

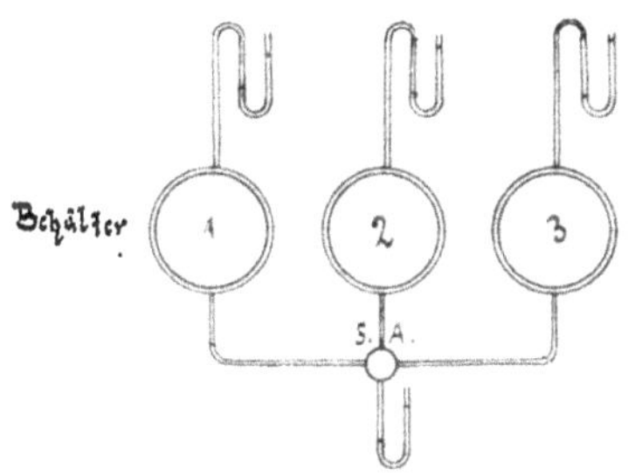

Fig. 18.

Behälter	Gemessen p mm H_2O	$p_s - p$ +	$p_s - p$ −	$\sqrt{p_s - p}$ +	$\sqrt{p_s - p}$ −
1	168		70		8,37
2	93	5		2,24	
3	54	44		6,63	
Sammel-Ausgleicher p_s	98				
$\Sigma \sqrt{p_s - p}$				8,87	8,37
Mittl. Druck $\frac{\Sigma_1^n p}{n}$	105				

Tabelle 14.

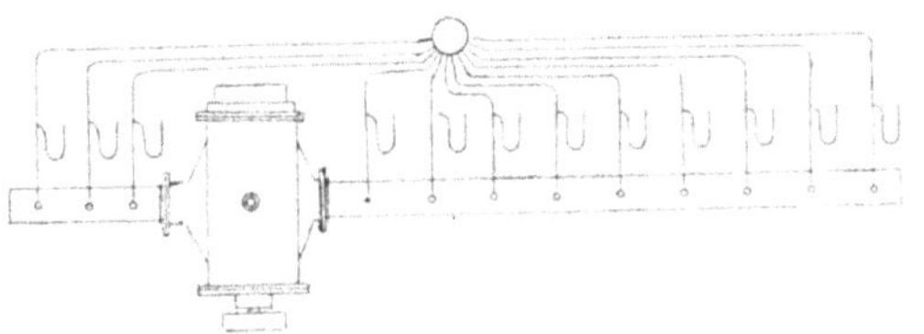

Fig. 19.

Erprobung eines Drucksammlers mit mehreren Druckanschlüssen.

Meß-stelle	Gemessen p mmH_2O	$p_s - p$ +	$p_s - p$ −	$\sqrt{p_s - p}$ +	$\sqrt{p_s - p}$ −	Gemessen p	$p_s - p$ +	$p_s - p$ −	$\sqrt{p_s - p}$ +	$\sqrt{p_s - p}$ −	Gemessen p	$p_s - p$ +	$p_s - p$ −	$\sqrt{p_s - p}$ +	$\sqrt{p_s - p}$ −	Gemessen p	$p_s - p$ +	$p_s - p$ −	$\sqrt{p_s - p}$ +	$\sqrt{p_s - p}$ −
1	+72		46		6,8	+147		34		5,8	− 18	42		6,5		−15	37		6,1	
2	23,5	2,5		1,6		134		21		4,6	− 12	36		6,0		− 8	30		5,5	
3	26					132		19		4,4	+115		91		9,5	+93		71		8,4
4	26					121		8		2,8	+ 51,2		27,2		5,2	+52		30		5,5
5	27,5		1,5		1,2	111	2		1,4		+ 9,5	14,5		3,8		+ 7,5	14,5		3,8	
6	23,5	2,5		1,6		102	11		3,3											
7	20	6		2,45		65	48		6,9											
8	17,5	8,5		2,9		43,5	69,5		8,3											
Sammel-Ausgleicher p_s	26					113					24					22				
$\Sigma \sqrt{p_s - p}$				8,55	8				19,9	17,6				16,3	14,7				15,4	13,9
Mittl. Druck $\frac{\Sigma_1^n p}{n}$	29,5					106,9					29,1					26				

Tabelle 15.

Beeinflussung der Druckmessungen an Drosselscheibe 392/280 mit Druckausgleichern durch Vorschaltung von Krümmer oder Eckstück.

Vorgeschaltetes Formstück	Luftdichte γ kg/cbm	Kontrollscheibe 392/280 Druckdifferenz h mm SW.	Kontrollscheibe $V = 5 + 198\sqrt{h/\gamma}$ lit/sec	Kontrollscheibe m/sec	Versuchsscheibe 392/280 Druckdifferenz h mm WS.	Versuchsscheibe $V = 5 + 190\sqrt{h/\gamma}$ lit/sec	Versuchsscheibe m/sec	Nummer der Versuchsreihe	1	2	3	4	5	6	7
	Messung der Luftmenge V lit/sec und der Luftgeschwindigkeit bezogen auf den Rohrquerschnitt							Länge des geraden Rohrstückes zwischen Richtungsänderung und Drosselscheibe mm	400	1348	1520	1776	2270	2626	3290
								Vielfaches d. Rohrdurchm.	1	3,4	3,9	4,5	5,8	6,7	8,4
								Gesamte Vorsatzrohrlänge mm	1500	2448	2620	2876	3370	3726	4390
								Vielfaches d. Rohrdurchm.	3,8	6,3	6,6	7,3	8,6	9,5	11,2
Rechtwinklig. Krümmer 392 mm ∅ mit 700 mm Achsradius und 1100 mm Länge	1,21	0,265	98	0,82	0,29	98	0,82	Stauseite . . . . mm WS.	−0,12	−0,1		0,09			0,12
								Saugseite . . . . . „	−0,45	−0,42		0,40			0,41
								Druckdifferenz . . „	+0,33	+0,32		0,31			0,29
	1,21	16,9	745	6,2	18,6	750	6,2	Stauseite . . . . mm WS.	− 5,8	− 5,5	5,3	5,0	4,8	4,5	4,2
								Saugseite . . . . „	−24,6	−24,3	24,1	23,7	23,5	23,2	22,8
								Druckdifferenz . . „	+18,8	+18,8	18,8	18,7	18,7	18,7	18,6
Scharf angesetztes rechtwinkliges Eckstück 392 mm ∅ mit 400 mm Schenkellänge								Länge des geraden Rohrstückes zwischen Richtungsänderung und Drosselscheibe mm	800	1748		2176			3690
	1,2	0,275	100	0,82	0,3	100	0,82	Gesamte Vorsatzrohrlänge mm	1200	2148		3670			4090
								Stauseite . . . . mm WS.	−0,15	−0,16		−0,17			−0,16
								Saugseite . . . . „	−0,52	−0,49		−0,48			−0,46
								Druckdifferenz . . „	0,37	0,33		0,31			0,30
	1,2	17,0	755	6,2	18,5	750	6,2	Stauseite . . . . mm WS.	− 6,0	6,0		5,6			5,2
								Saugseite . . . . „	−24,7	24,7		24,2			23,7
								Druckdifferenz . . „	+18,7	18,7		18,6			18,5

Der 30 cbm-Gasbehälter.

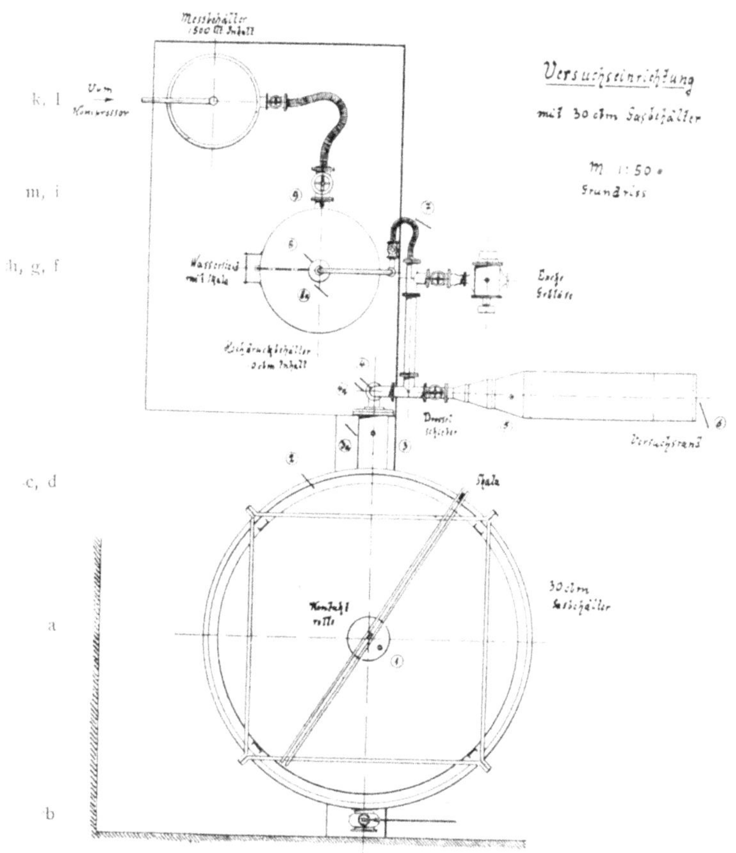

Fig. 20.

1 Thermometer in der Glocke, die Thermometerkugel befand sich etwa 0,8 m unter dem Deckel der Glocke.
2 " im Behälterwasser.
3 " in der 400 mm-Grundleitung, Kugel in Rohrmitte.
3a " an der äußeren Wand des 400 mm-Rohres angebunden, mit Putzwolle außen geschützt.
4 u. 4a " am Krümmer der 125 mm-Leitung, in derselben Weise wie 3 u. 3a angebracht.
5 u. 6 " vor und hinter Staurand.
7 " am Metallrohr, wie 3a angebracht.
8 u. 8a " innen und außen am Dom des Hochdruckbehälters, wie 3 u. 3a angebracht.
9 " im Auslaßstutzen des Hochdruckbehälters.
a, b, c, d 30 cbm-Gasbehälter mit Schnellschlußschieber, Kontaktrolle und Skala.
e 125 mm-Drosselschieber.
f, g Encke-Gebläse mit Schlauchverschluß.
h, i 10 cbm-Hochdruckbehälter mit Auslaßschieber.
k Meßbehälter von 1500 l Inhalt.
l Druckluftleitung.
m Behältergrube.

Tabelle 16.

Untersuchung der Gleichförmigkeit des Niederganges des 30 cbm-Gasbehälters.

Temperatur im Behälter		16,5°
	am Rand	17,0°
Barometer (auf 0° reduziert)		742 mm Hg
Reduktionsfaktor für Behältermessung		1,023
γ Luft am Staurand		1,185

Anzahl Kontakte	Signal Nr.	Ablesung an der Skala	Δ mm	Zeit min sec	Δ sec	Druckdifferenz an Staurand Tabelle 24 Nr. 10 $^1/_{50}$ mm	Durchfluß lit/sec nach $\frac{1178 \cdot 1{,}023}{\Delta\ \text{Zeit}}$	Durchfluß lit/sec nach $1{,}73 + 17{,}2\sqrt{h/\gamma}$	Behälterdruck mm H_2O
3	1								223
	2			37^{44}		88,0		22,53	
					53^5		22,53		
	3	1984		$38^{37,5}$		88,3			
			89		52^5				
	4	1895		39^{29}		88,0			
			88		54				
	5	1807		40^{23}		87,5			
			90		53				
	6	1717		41^{16}		87,5			
			89		53				
	7	1628		42^{09}		87,5			
			88		55				
	8	1548		43^{04}		87,0			
			90		54				
	9	1450		43^{58}		86,8			
			87		56				
	10	1363		44^{52}		86,5			
Schußwechsel ➤			91		53				
	11	1272		45^{45}		86,5			
			90		53				
	12	1182		46^{38}		86,3			
			88		53				
	13	1094		47^{31}		86,5			
			90		54				
	14	1004		48^{25}		86,2			
			88		54				
	15	916		49^{19}		86,2			
			89		54				
	16	827		50^{13}					
			89		54				
	17	730		51^{07}		86,0			
			95		55				
	18	643		52^{02}		85,7			
			87		54				
	19	556		53^{56}		85,6			
			86		53				
	20	470		53^{49}		85,6			
Schußwechsel ➤			84		54				
	21	386		54^{43}		85,7			
			92		54				
	22	294		55^{37}		85,25			
			91		53				
	23	203		56^{30}		85,5			
			88		54		22,3		
	24	115		57^{24}		85,5		22,33	217

1869 + 1 : 21 = 89 mm
= 1178 l

Abnahme der Lieferung $\frac{0{,}23}{22{,}3} = 0{,}0103$

Tabelle 17.

Eichung des 30 cbm-Gasbehälters mit dem 1500 l-Meßbehälter.

Temperaturen vor Versuchsbeginn 9^{20} vorm.

Gasbehälter in der Glocke (hoch)	Thermometer Nr.	1	9,2° C
im Behälterwasser oben	„ „	2	9,3° C
400 mm Hauptrohr innen	„ „	3	8,8° C
Druckbehälter oben (im Wasser, wenn gefüllt)	„ „	4	11,3° C
Aeußere Luft über der Grube in Fußbodenhöhe	„ „	5	7,0° C
am oberen Druckbehälterrand	„ „	6	8,5° C

Versuche.

Sinken der Behälterglocke									darauffolgendes Steigen der Behälterglocke								
Zeit	Thermometer 1	2	3	4	3b	6	Behälterstand Ablesung	Differenz	Zeit	Thermometer 1	2	3	4	3a	6	Behälterstand Ablesung	Differenz
12^{37}	8,8	9,0	8,9	10,0	7,2	8,3	1856,9										
38			9,2					125,1									
39			9,3														
42			9,2	9,8			1731,8										
12^{51}			8,7	9,8			1731,8		1^{00}			8,7				1603,9	
52			8,8						01			8,5					
53			9,0					127,9	02			8,4					124,0
54			9,1						03			8,3					
55			9,2						04			8,3					
57	8,8		9,3	9,7			1603,9		07	8,9		8,3	9,8	7,2	8,3	1727,9	
1^{15}	8,8		8,7	9,8			1728,0										
17			9,1														
18			9,3					124,1									
19			9,4														
21	8,8		9,3	9,5			1603,9										
1^{30}	8,8		8,7	9,6			1603,9		1^{42}	8,8		8,7	9,5			1477,1	
31			9,0						43			8,4					
32			9,3					126,8	44			8,4					123,7
34			9,4						45			8,4					
36			9,4				1477,1		48	9,0		8,4	9,5	7,5	8,3	1600,8	
1^{51}			8,6				1600,8		2^{14}			8,7				1475,5	
52			9,0						15			8,4					
53			9,2					125,3	16			8,4					125,3
54			9,3						17			8,4					
55			9,4						18			8,4					
58	9,0	9,0	9,1	9,4	7,5	8,4	1475,5		21	8,5		8,5	9,2	7,5	8,5	1601,8	
2^{57}	9,0		8,7	8,9			1601,8		3^{24}			8,7				1473,8	
58			8,8						25			8,5					
59			9,3					128,0	26			8,4					126,5
3^{00}			9,4						27			8,4					
04	9,0		9,2	8,6	7,5	8,2	1473,8		31			8,4				1600,3	
							Im Mittel	126,2								Im Mittel	124,9

Mittelwert aus beiden Versuchsreihen 125,55.
Gewechselte Wassermenge 1663 kg.
1 mm Glockenhub = 13,25 l.

Tabelle 18.

Eichung des 30 cbm-Gasbehälters mit dem 10 cbm-Hochdruckbehälter.

Zusammenstellung der Versuche.

Versuch	Sinken — Steigen +	Druckbehälter			Glockenstand			Lufttemperatur		Auf °C red. Barometer-stand	Druck in der Glocke	Behälter- Ueber- + Unter- — Druck	Auf gleichen Druck u. gl. Temp. reduz. Glockenhub	1 mm Glockenhub entspricht
		Anfang Marke	Ende Marke		Anfang	Ende	Differenz	Glocke	Druck-behälter					
Nr.		Nr.	Nr.	lit	mm	mm	mm	°C	°C	mm Hg	mm H_2O	mm H_2O	mm	lit
1	—	2	30	7000	2015,0	1490,2	524,8	8,8	10,3	737	220	—20	529	13,23
2	+	29	2	6750	1505,0	2013,5	508,5	8,8	10,5	737	220	+20	510	13,23
3	—	2	41	9750	1966,8	1226,8	740,0	12,3	11,5	740	225	— 5	738	13,20
4	+	40	2	9500	1237,8	1957,8	720,0	12,3	12,0	740	225	+ 5	719	13,21
5	—	8	33	6250	1474,5	1000,5	474,0	11,5	11,5	734	220	— 5	474	13,19
6	+	28	2	6500	1055,0	1545,0	490,0	12,0	12,0	734	220	+ 5	490	13,26
7	—	2	41	9750	1272,3	542,0	730,3	6,5	8,0	736	220	— 6	734	13,28
8	+	41	2	9750	537,5	1267,0	729,5	6,5	8,5	736	220	+ 3	735	13,27
9	—	2	41	9750	720,8	—19,0	739,8	7,5	6,2	735	220	— 5	736	13,23
10	+	41	2	9750	—21,8	720,2	742,0	7,5	6,5	735	220	+ 2	739	13,20

Im Mittel 13,23

Tabelle 19.

Eichung des 30 cbm-Gasbehälters mit dem 10 cbm-Hochdruckbehälter.

Protokolle der Versuche 1, 2 und 5 (letzteres gekürzt).

Versuch Nr.	Sinken − Steigen +	Zeit	Druckbehälter Marke Nr.	Glockenstand Ablesung	Glockenstand Differenz	Thermometer °C: Glocke innen 1	Behälterwasserspiegel 2	400 mm-Hauptrohr innen 3	400 mm-Hauptrohr außen 3a	125 mm-Krümmer innen 4	125 mm-Krümmer außen 4a	Metallschlauch außen 7	Druckbehälter oben innen 8	Druckbehälter oben außen 8a	Ausströmwasser 9	Druckdifferenz Glocke Druckbehälter
1		9^{45}	vor Versuchsbeginn			9,0	9,0	8,0	8,0	8,2	8,1	9,2	9,5	10,5	9,3	mm H_2O
	−	47	Beginn					8,0		8,3		9,3	9,7			
		48	1	2027,0				8,0		8,0			9,9			5
		51	2	2014,0	13,0			8,0					10,0			
		55	3	1995,0	19,0			8,1					10,1			
		57^{30}	4	1976,0	19,0			8,2					10.0			
		10^{00}	5	1958,5	17,5			8,2		8,0			9,9			20
		2^{30}	6	1939,3	19,2			8,3		8,1			9,9			
		5	7	1921,2	18,1								9,9			
			8	1902,3	18,9								10,0			
		7^{30}	9	1883,6	18,7			8,4		8,1			10,0			
			10	1864,8	18,8								10,1			
			11	1846,0	18,8											
			12	1827,8	18,2			8,5		8,2			10,2			
			13	1809,5	18,3											
		18	14	1791,0	18,5											
			15	1771,8	19,2			8,4	8,0	8,2	8,2	9,5	10,2	10,5	9,5	
			16	1752,5	19,3											
			17	1733,8	18,7											
		25	18	1715,2	18,6			8,5		8,3			10,2			
			19	1696,3	18,9											
			20	1677,7	18,6											
			21	1659,0	18,7			8,5		8,4			10,1			
		31	22	1640,0	19,0											
			23	1621,5	18,5											
			24	1603,0	18,5			8,5		8,4			10,1			
			25	1584,5	18,5											
			26	1565,8	18,7											
			27	1546,3	19,5			8,5		8,4			10,1			
			28	1527,8	18,5											
		41	29	1509,1	18,7											
			30	1490,2	18,9	8,8	9,0	8,5	8,1	8,4	8,3	9,6	10,1	10,6	9,7	20
2	+	10^{46}	30	1486,9		8,7	9,0	8,5	8,1	8,7	8,3	9,6	10,4	10,6		− 15
			29	1504,9	18,0											
			28	1523,8	18,9			8,6		8,8			10,3			
		52	27	1542,5	18,7											
			26	1561,3	18,8			8,7		9,0			10,4			
		11^{23}	5	1957,5				8,9		9,5			10,5			
			4	1975,8	18,3											
		26	3	1994,8	19,0			8,9		9,5			10,5			
			2	2013,5	18,7											
		30	1	2028,2	14,7	8,8	9,0	8,8	8,2	9,5	8,5	9,7	10,5	10,6		− 22
5	−		7	1492,8		11,5	11,5	11,2	11,2	11,0	11,6	11,3	11,5	12,4	9,8	6
			8	1474,5	18,3											
			9	1455,6	18,9											
			10	1437,0	18,6											
			11	1417,5	18,5			11,2	11,2	11,0	11,6	11,3	11,5	12,5	9,2	
			29	1076,5				11,3	11,2	11,0	11,6	11,4	11,6	12,8	9,3	
			30	1057,3	19,2											
			31	1038,3	19,0											
			32	1019,5	18,8											
			33	1000,5	19,0	11,5	11,5	11,3	11,2	11,0	11,6	11,4	11,6	12,8	9,6	3

Tabelle 20.

Vergleichung der Mikromanometer unter Verwendung von gereinigtem Petroleum vom spezif. Gewicht 0,805 als Sperrflüssigkeit.

	Instrument 1:1			I 1:5		II 1:5		Mittlere Diff. 1:1 $\times 4$	Prozentuale Abweichung	Mittlerer Meßfehler
	Ablesung		Diff	Ablesung	auf 0 korrigiert	Ablesung	auf 0 korrigiert			
0-Punkt	81,0	81,0	0	+ 0,5		+ 0,3				
	20,0	142,3	122,3	490,1	489,6	489,8	489,5	489,2	$+\frac{0,4}{4,9}=0,0008$	$100\frac{0,00074}{\sqrt{2}}=\sim 0,05\%$
	142,2	20,1	122,1	489,3	488,8	489,0	488,7	488,4	$+\frac{0,4}{488,4}=0,00082$	
	125,2	36,3	88,9	355,7	355,2	355,5	355,2	355,6	$+\frac{0,2}{355,6}=0,0006$	

I 1:5		II 1:5		Mikromanometer 1:10	Mittlere Differenz 1:5$\times$2	Prozentuale Abweichung	Mittlerer Meßfehler
Ablesung	auf 0 korrigiert	Ablesung	auf 0 korrigiert	Ablesung			
+ 0,5		+ 0,2		+ 0			
99,8	99,3	99,5	99,3	198,5	198,6	$+\frac{0,1}{198,6}=0,0005$	$100\frac{0,00042}{\sqrt{2}}=$
100,8	100,3	100,5	100,3	200,5	200,6	$+\frac{0,1}{200,6}=0,0005$	0,03 %
100,0	99,5	99,8	99,6	199,0	199,05	$+\frac{0,05}{199,05}=0,00025$	

Mikromanometer 1:10		1:50	Differenz 1:10$\times$5	Prozentuale Abweichung	Mittlerer Meßfehler
Ablesung	auf 0 korrigiert	Ablesung			
+ 0,2		0			
40,3	40,1	200,0	200,5	$-\frac{0,5}{200,0}=-0,0025$	$100\frac{0,002}{\sqrt{2}}=$
40,0	39,8	199,5	199,0	$+\frac{0,5}{199,5}=+0,0025$	$\pm$0,14 %
40,3	40,1	200,3	200,5	$-\frac{0,2}{200,3}=-0,001$	

Mikromanometer 1:50		1:400	Differenz 1:50$\times$4	Prozentuale Abweichung	Mittlerer Meßfehler
Ablesung	auf 0 korrigiert	Ablesung			
+ 0,5		0			
50,2	49,7	200,5	198,8	$+\frac{1,7}{200,5}=0,0085$	$100\frac{0,0085}{\sqrt{2}}=$
51,0	50,5	199,8	202,0	$-\frac{2,2}{199,8}=0,011$	$\pm$0,6 %
50,8	50,3	200,0	201,2	$-\frac{1,2}{200,0}=0,006$	

Tabelle 21.

Eignung verschiedener Sperrflüssigkeiten für technische Mikromanometer.

Sperrflüssigkeit	Kapillarität bei °C	α^2	Zähigkeit bei °C	η	Siedepunkt °C bei 760 mm Hg	Dichte bei °C	gr/cm³	Mittlerer Ausdehnungskoeff. zwischen 0° und 30° C
Wasser	20	14,823	19	0,0103	100	4	1,0	— 0,0001
Quecksilber . .	17,5	8,2	20	0,01589	357	19	13,5485	— 0,00018
Alkohol (absolut)	15-20	5,805	19	0,01209	78	0	0,795	— 0,0011
„ ca. 94 %						0	0,8133	— 0,00086
Petroleum . . .					150 - 300	15	0,78-0,83	— 0,0009
Toluol	17,5	6,72	20	0,00583	110,4	10,5	0,874	
Xylol (käufl.) .	15,7	6,8	23	0,00595	137	0	0,877	— 0,000853

Aenderung der Dichte von Petroleum durch Verdunsten, aufbewahrt in verschlossener Flasche 0,806

Nach dreimonatlichem Stehen in mäßig geheiztem Raum in offener Flasche 0,818

„ „ „ „ „ „ „ „ „ Schale 0,8354

Tabelle 22.

Dichtebestimmung von Gasen mittels abgeänderten Bunsenapparates.

a) Einfluß der Feuchtigkeit der Glycerin-Absperrung.

Luft mit Staubfilter u. Chlorkalziumvorlage				CO_2 aus Kipp'schem Entwickler (Marmor-Salzs.)								Verhältnis
				ohne Trockenvorlage				m. Phosphorpentoxydvorlage				
11^{58}	122	59^{56}	122	12^{33}	139	54^{30}	138	$19^{24,5}$	140,5	30^{54}	139	$\frac{7^2}{7} = \frac{\gamma_1}{\gamma}$
14^{00}	127	1^{58}	126	14^{42}	147	56^{48}	147	21^{45}	148	33^{18}	150	
16^{05}	130	4^{04}	130	17^{09}	158	59^{15}	159	24^{13}	157	35^{43}	158	$\frac{Luft}{CO_2} = \frac{1}{1,493}$
18^{15}		6^{14}		39^{47}		61^{54}		26^{50}		38^{21}		
	379		378		444		444		455,5		447	

b) Vergleich Luft — CO_2-Dichte mit Quecksilberabsperrung.

CO_2 mit Phosphorpentoxydvorlage								Luft mit Staubfilter u. Chlorkalziumvorlage				Verhältnis
aus Kipp'schem Entw.				aus Bombe								
55^{08}	78	21^{44}	78	5^{56}	87	23^{03}	87	44^{56}	72	23^{20}	72	
56^{31}	92	23^{12}	92	7^{23}	92	24^{30}	92	46^{08}	74	24^{32}	74	$\frac{Luft}{CO_2} = \frac{1}{1,52}$
58^{03}		24^{44}		8^{55}		26^{02}		47^{22}		25^{46}		
	180		180		179		179		146		146	

c) Einfluß von Staub

ohne				mit		ohne Filter	
24^{30}	76	29^{18}	74	44^{56}	72	58^{14}	74
25^{46}	75	30^{32}	77	46^{08}	74	59^{28}	75
27^{01}		31^{49}		47^{22}		60^{43}	
	151		151		146		149

d) Einfluß mangelhafter Durchspülung

(es war vorher mit CO_2 gearbeitet worden).
Luft mit Staubfilter und Chlorkalziumvorlage.

35^{25}	75	42^{35}	75	50^{45}	74	1^{44}	72	11^{56}	72
36^{40}	79	43^{50}	74	51^{59}	74	2^{56}	73	13^{08}	73
37^{59}		45^{04}		53^{43}		4^{09}		14^{21}	
	154		149		148		145		145

Tabelle 28.

Staurand-Eichung.

Protokoll zu Versuch Nr. 6 Tabelle 24.

Versuchs-Nr.	1	2	3	4	5	7
Anzahl Kontakte	6	6	2	2	2	2
Signalzeiten und Differenzen	2554,6 3007,4 3420 3833 4245,8 4656,8 5109,8 5520,8 5934 412,8 412,6 413 412,8 411 413 411 413,2	508 651 834,8 1018,6 1201,4 1344,8 1528,8 1712,4 1856,2 143 143 143,8 142,8 143,4 144 143,6 143,8	006 323,2 640,2 956,4 1314,4 1632,6 317 317 315 318 318	310,2 519,8 730,2 949,4 209,6 210,4 210,2	849 933 1017,8 1146,8 44 44,8 89	257,6 327,8 358 428,2 458,4 529 558,8 30,2 30,2 30,2 30,2 30,6 29,8
Gesamte Zeitdauer sec.	2523	828	987	390	178	181,2
Behälter Inhalt lit	5890	4712	8835	5301	7068	10602
Temperatur im Behälter . °C	10	10	11	11	11,5	11,5
Temperatur, Kanalrohr außen °C innen „	9,2 9	9,2 9,2	10 10,3	9,6 10,4	9,7 10,7	9,7 11,2
Temperatur, Krümmer außen °C innen „	12,9 9,6	12,6 9,6	13,2 10,5	12,5 10,6	12,9 10,9	12,8 10,9
Temperatur an Mündung °C „ im Manometer „	13,6 16,8	13,2 16,7	12,6 16,5	12,8 17,2	12,5 17,2	12,2 17,2
Ueberdruck im Behälter mm H_2O	223	220	220	223	223	218
Barometer auf 0° red. mm Hg	733	733	748	748	748	748
Manometer Ablesungen und Differenzen	31,7 86,5 197,5 33 32,2 118,2 164,5 33 32,5 86 197,5 33 118,5 164,3 34 182 102 35 216 67 34,8 155 129 35 120,2 164	249 273 10 248 247 24 258 247 271 11 88,8 172,8 81,5 88 88,8 84 169,5 88,4 172,8 81,1	237 249 11 35,5 235,5 12 246,5 236 234 247,5 10,5 235,5 13,5 246 865 455 410	744 505,5 238,5 742 506 236	428 0 425/6 0 426	966 0 973 0 970

Tabelle 28 (Fortsetzung).

Staurand-Eichung.

Protokoll zu Versuch Nr. 6 Tabelle 24.

Versuchs-Nr.	1	2	3	4	5	7
Anzahl Kontakte	6	6	2	2	2	2
Signalzeiten und Differenzen	2554,6 3007,4 3420 3833 4245,8 4656,8 5109,8 5520,8 5934 412,8 412,6 413 412,8 411 413 411 413,2	508 651 834,8 1018,6 1201,4 1344,8 1528,8 1712,4 1856,2 143 143 143,8 142,8 143,4 144 143,6 143,8	006 323,2 640,2 956,4 1314,4 1632,6 317 317 315 318 318	310,2 519,8 730,2 949,4 209,6 210,4 210,2	849 933 1017,8 1146,8 44 44,8 89	257,6 327,8 358 428,2 458,4 529 558,8 30,2 30,2 30,2 30,2 30,6 29,8
Reduktionsfaktor der Luftmenge	$\frac{749 \cdot 286,5}{733 \cdot 233} = 1,036$	1,033	$\frac{764 \cdot 285,3}{748 \cdot 284} = 1,023$	1,023	1,025	1,022
Luftvolumen V lit/sec	2,415	5,88	9,16	13,92	40,7	60,0
Luftdichte bei 80% Feuchtigkeit γ kg/m³	1,183	1,186	1,211	1,21	1,21	1,214
Reduktionsfaktor für Manometer	$\frac{1 \cdot 0,8625}{600 \cdot 0,847} = \frac{1}{589}$	$\frac{1}{589}$ $\frac{1 \cdot 0,8625}{200 \cdot 0,936} = \frac{1}{217}$	$\frac{1}{217}$ $\frac{1 \cdot 0,863}{40 \cdot 0,807} = \frac{1}{37,4}$	$\frac{1 \cdot 0,862}{100 \cdot 0,793} = \frac{1}{92}$	$\frac{1 \cdot 0,863}{20 \cdot 0,807} = \frac{1}{18,7}$	$\frac{1}{18,7}$
h mm H_2O	0,0567	0,42 0,408	1,085 1,095	2,58	22,8	51,8
$\sqrt{\frac{h}{\gamma}}$	0,219	0,591	0,949	1,46	4,34	6,54
$K' = \frac{V}{\sqrt{h/\gamma}}$	11,02	9,95	9,65	9,54	9,38	9,21
w_0 m/sec	0,873	2,13	3,318	5,04	14,73	21,8
$k = \frac{v_0}{\sqrt{h/\gamma}}$	3,99	3,6	3,495	3,45	3,395	3,332

Tabelle 24.

Staurand-Eichung, Versuchszusammenstellung.

Nr.	D mm	D_0 mm	F dcm²	F_0 dcm²	$\beta=\frac{F_0}{F}$	Nr.	V lit/sec	w_0 m/sec	$\sqrt{\frac{h}{\gamma}}$ mm H_2O	$K=\frac{V}{\sqrt{h:\gamma}}$	$k=\frac{w_0}{\sqrt{h:\gamma}}$	$k=\frac{c}{\sqrt{\frac{h}{\gamma}}}+k'$	c	k'
1	9,75	6,7	0,007466	0,003526	0,472	1	0,0977	2,77	0,535	0,1825	5,175	5,16	1,1	3,1
Fig. 21. 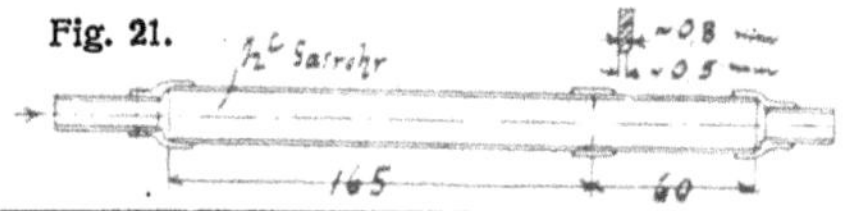						2	0,171	4,85	1,255	0,1362	3,86	3,98		
						3	0,35	9,93	2,88	0,1215	3,445	3,48		
						4	0,556	15,76	4,65	0,1196	3,39	3,34		
2	9,8	6,2	0,007543	0,00302	0,4	1	0,115	3,81	1,0	0,115	3,81	3,8	0,4	3,4
Fig. 22. 						2	0,1463	4,84	1,28	0,1143	3,78	3,71		0,1028
						3	0,164	5,43	1,49	0,11	3,64	3,67	0,0012	
						4	0,277	9,18	2,58	0,1073	3,56	3,55		
3	38,5	26,6	0,1164	0,0556	0,478	1	0,785	1,41	0,412	1,905	3,42	3,49	0,1	3,25
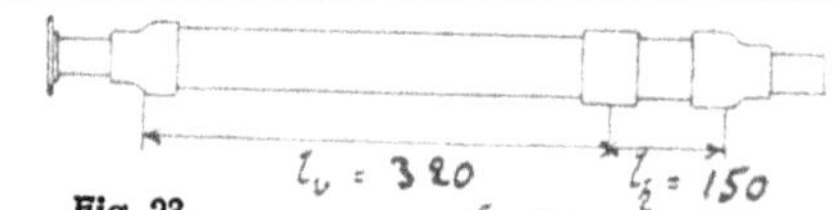						2	1,50	2,697	0,795	1,886	3,39	3,38	$\varepsilon=1{,}174$	
						3	3,57	6,42	1,94	1,840	3,308	3,302	$1-\beta^{\varepsilon}=0{,}5785$	
						4	5,81	10,47	3,17	1,835	3,30	3,28	$k'_1=3{,}22$	
Fig. 23.						5	11,95	21,5	6,59	1,815	3,26	3,265	$\Delta=0{,}8\%$	
4	38,7	26,7	0,1176	0,05599	0,476	1	0,795	1,42	0,413	1,930	3,43	3,44	0,08	3,25
						2	3,59	6,41	1,960	1,833	3,28	3,29		
wie 3						3	6,06	10,83	3,29	1,842	3,29	3,274		
						4	8,64	15,43	4,70	1,838	3,28	3,267		
						5	12,1	21,6	6,69	1,825	3,26	3,26		
5	80,2	55,8	0,5052	0,2445	0,484	1	4,67	1,91	0,532	8,77	3,58	3,6	0,2	3,23
Fig. 23						2	10,33	4,23	1,255	8,24	3,37	3,39	$\varepsilon=1{,}188$	
$l_v=280$ $l_h=70$ $\delta=1$ mm						3	22,83	9,35	2,88	7,94	3,25	3,3	$1-\beta^{\varepsilon}=0{,}5775$	
						4	39,4	16,1	4,92	8,01	3,27	3,27	$k'_1=3{,}23$ $\Delta=0$	
6	80,0	59,3	0,5027	0,2762	0,55	1	2,415	0,873	0,219	11,02	3,99	4,01	0,15	3,33
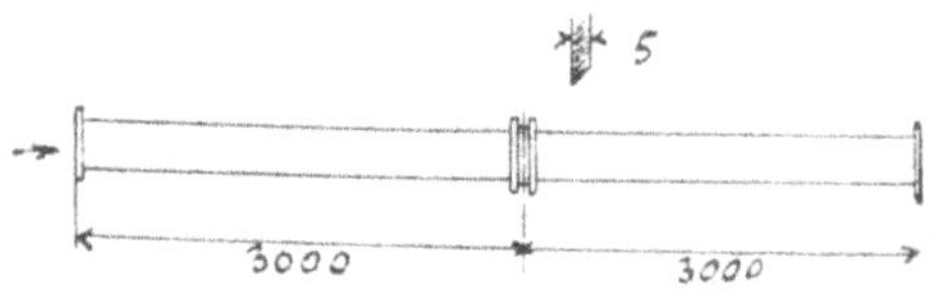						2	5,88	2,13	0,592	9,94	3,59	3,58		
						3	9,16	3,32	0,950	9,65	3,49	3,49		
						4	13,92	5,04	1,46	9,54	3,45	3,43		
						5	40,7	14,7	4,34	9,38	3,40	3,365		
						6	59,4	21,5	6,43	9,24	3,34	3,353		
Fig. 24.						8	86,4	31,25	9,38	9,22	3,335	3,345		
7	91,5	62,2	0,6576	0,3039	0,462	1	4,915	1,62	0,468	10,49	3,45	3,49	0,16	3,15
						2	8,83	2,91	0,856	10,31	3,39	3,34		
Fig. 23						3	21,7	7,15	2,18	9,95	3,28	3,22	$\varepsilon=1{,}193$	
$l_v=720$ $l_h=230$ $\delta=0{,}5$ mm						4	32,0	10,54	3,28	9,75	3,21	3,20	$1-\beta^{\varepsilon}=0{,}602$	
						5	44,9	14,8	4,65	9,65	3,18	3,18	$k'_1=3{,}19$	
						6	65,8	21,7	6,83	9,64	3,17	3,17	$\Delta=1{,}2\%$	

Tabelle 24 (Fortsetzung).

Staurand-Eichung, Versuchszusammenstellung.

Nr.	D mm	D_0 mm	F dcm^2	F_0 dcm^2	$\beta=\frac{F_0}{F}$	Nr.	V lit/sec	w_0 m/sec	$\sqrt{\frac{h}{\gamma}}$ mm H_2O	K $=\frac{V}{\sqrt{h:\gamma}}$	k $=\frac{w_0}{\sqrt{h:\gamma}}$	$k=\frac{c}{\sqrt{\frac{h}{\gamma}}}+k'$	c	k'
8	91,7	62,8	0,6604	0,3097	0,469	1	3,21	1,034	0,305	10,5	3,39	3,48	0,1	3,15
						2	8,23	2,66	0,805	10,23	3,31	3,27		
						3	19,4	6,26	1,935	10,02	3,24	3,2		
Fig. 23 $l_v = 720$ $l_h = 230$ $\delta = 0,5$ mm						4	32,35	10,45	3,27	9,9	3,2	3,18		
						5	41,0	13,25	4,18	9,81	3,17	3,17		
						6	64,8	20,95	6,63	9,78	3,16	3,165		
9	104,0	80,5	0,8495	0,509	0,6	1	13,25	2,605	0,678	19,55	3,843	3,83	0,32	3,36
						2	22,9	4,9	1,236	18,5	3,63	3,62		
Fig. 24. 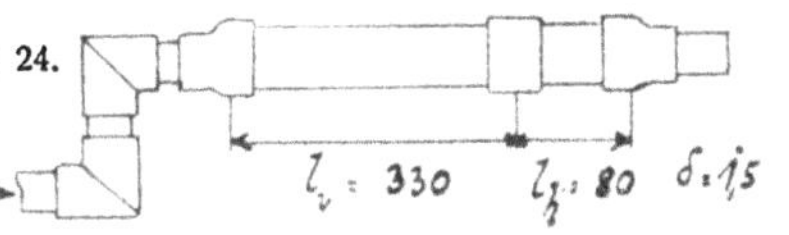						3	30,4	5,98	1,69	18,0	3,54	3,55		
						4	48,2	9,48	2,74	17,6	3,46	3,48		
						5	83,8	16,49	4,8	17,45	3,43	3,43		
10	104,0	80,5	0,8495	0.509	0,6	1	7,85	1,543	0,372	21,1	4,15	4,29	0,34	3,38
						2	12,65	2,49	0,629	20,1	3,90	3,92		
						3	17,6	3,46	0,902	19,5	3,84	3,76		
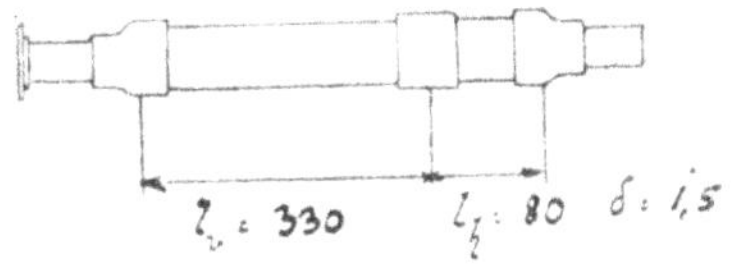 Fig. 25.						4	24,2	4,76	1,295	18,7	3,68	3,64		
						5	33,5	6,59	1,845	18,1	3,56	3,56		
						6	46,3	9,1	2,605	17,8	3,5	3,51		
						7	59,1	11,6	3,345	17,65	3,47	3,48		
						8	70,2	13,8	3,99	17,6	3,46	3,465		
11	104,0	80,5	0,8495	0,509	0,6	1	6,16	1,21	0,289	21,3	4,18	4,34	0,27	3,41
						2	10,95	2,15	0,546	20,1	3,95	3,91		
						3	20,2	3,97	1,06	19,05	3,75	3,67	$\varepsilon = 1,2$	
wie Fig. 25 aber δ = 1,5 / 0,5						4	35,2	6,92	1,93	18,2	3,58	3,55	$1-\beta^{\varepsilon} = 0,456$	
						5	50,4	9,9	2,83	17,8	3,5	3,50	$k'_{ber} = 3,18$	
						6	71,3	14,03	4,04	17,65	3,47	3,48	$\Delta = 1,4\%$	
12	200,3	139,6	3,152	1,53	0,485	1	48,5	3,17	0,998	48,6	3,18	3,16	0,03	3,13
Fig. 26. 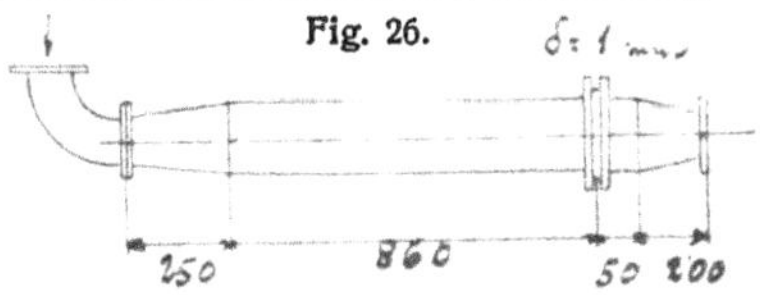						2	79,6	5,205	1,68	47,4	3,10	3,148		
						3	144,5	9,44	3,10	46,7	3,05	3,14		
						4	203,0	13,28	4,32	47,0	3,07	3,137		
						5	322,0	21,05	6,69	48,15	3,145	3,135		
12a	200,3	139,6	3,152	1,53	0,485	1	48,9	3,2	1,002	48,9	3,2	3,18	0,05	3,13
						2	90,0	5,88	1,92	46,9	3,07	3,157	$\varepsilon = 1,281$	
						3	148,5	9,7	3,19	46,7	3,05	3,146	$1-\beta^{\varepsilon} = 0,604$	
						4	200,0	13,1	4,22	47,4	3,1	3,142	$k'_{ber} = 3,46$	
Fig. 27.						5	312,0	20,4	6,49	48,1	3,145	3,138	$\Delta = 1,5\%$	

Tabelle 24 (Fortsetzung).

Staurand-Eichung, Versuchszusammenstellung.

Nr.	D mm	D_0 mm	F dcm^2	F_0 dcm^2	$\beta=\frac{F_0}{F}$	Nr.	V lit/sec	w_0 m/sec	$\sqrt{\frac{h}{\gamma}}$ mm H_2O	$k = \frac{v}{\sqrt{h:\gamma}}$	$k = \frac{v_0}{\sqrt{h:\gamma}}$	$k=\frac{c}{\sqrt{\frac{h}{\gamma}}}+k'$	c	k'
13	223	50,2	3,906	0,1979	1,0506	1	3,62	1,83	0,636	5,69	2,88	2,88	0,05	2,80
						2	5,54	2,8	0,982	5,65	2,86	2,85	$\varepsilon=1{,}308$	
						3	6,78	3,43	1,21	5,6	2,83	2,84	$1-\beta^{\varepsilon}=0{,}98$	
						4	11,77	5,95	2,11	5,53	2,82	2,825	$k'_{ber}=2{,}788$	
						5	15,71	7,95	2,82	5,57	2,82	2,818	$\Delta=0{,}4\%$	
14	223	85,4	3,906	0,5728	0,147	1	11,07	1,93	0,664	16,7	2,91	2,92	0,04	2,85
						2	16,85	2,94	1,013	16,6	2,895	2,9	$1-\beta^{\varepsilon}=0{,}919$	
						3	31,52	5,5	1,905	16,55	2,885	2,88	$k'_{ber}=2{,}84$	
						4	46,52	8,13	2,82	16,5	2,88	2,875	$\Delta=0{,}7\%$	
15	223	124,6	3,906	1,22	0,312	1	26,22	2,15	0,704	37,2	3,05	3,05	0,06	2,96
						2	44,42	3,64	1,21	36,7	3,01	3,01	$1-\beta^{\varepsilon}=0{,}782$	
						3	84,32	6,91	2,32	36,3	2,98	2,985	$k'_{ber}=2{,}96$	
						4	103,5	8,48	2,84	36,4	2,985	2,98	$\Delta=0$	
16	223	160,1	3,906	2,013	0,516	1	47,5	2,36	0,706	67,2	3,34	3,34	0,11	3,18
						2	82,82	4,11	1,272	65,0	3,23	3,27	$1-\beta^{\varepsilon}=0{,}579$	
						3	143,3	7,12	2,22	64,6	3,21	3,23	$k'_{ber}=3{,}22$	
						4	192,3	9,55	2,97	64,7	3,21	3,205	$\Delta=1{,}2\%$	
17	390,5	104,5	11,97	0,8576	0,0717	1	15,7	1,83	0,635	24,7	2,88	2,87	0,05	2,79
						2	30,8	3,59	1,266	24,3	2,83	2,83	$\varepsilon=1{,}595$	
						3	72,7	8,47	3,01	24,1	2,81	2,807	$1-\beta^{\varepsilon}=0{,}989$	
						4	119,0	13,9	4,93	24,2	2,82	2,80	$k'_{ber}=2{,}78$	
						5	242,0	28,2	10,05	24,1	2,81	2,795	$\Delta=0{,}4\%$	
18	390,5	141	11,97	1,561	0,1303	1	34,5	2,21	0,767	45,0	2,88	2,875	0,05	2,81
						2	57,5	3,68	1,29	44,5	2,85	2,85	$1-\beta^{\varepsilon}=0{,}961$	
						3	130,0	8,33	2,94	44,2	2,83	2,827	$k'_{ber}=2{,}8$	
						4	268,0	17,16	6,1	44,0	2,82	2,818	$\Delta=0{,}4\%$	
19	390,5	217,7	11,97	3,723	0,311	1	85,0	2,28	0,773	109,2	2,93	2,94	0,03	2,9
						2	145,0	3,89	1,333	108,9	2,92	2,92	$1-\beta^{\varepsilon}=0{,}845$	
						3	301,0	8,07	2,75	109,3	2,93	2,915	$k'_{ber}=2{,}9$	
						4	355,0	9,53	3,26	108,8	2,92	2,910	$\Delta=0$	

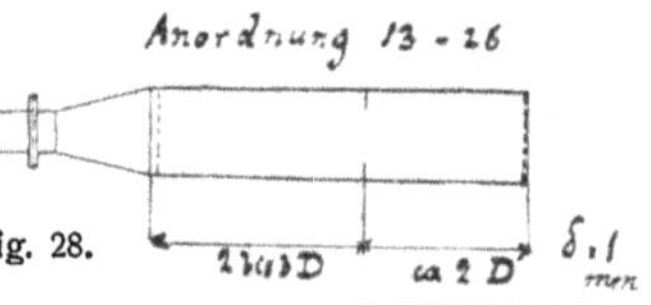

Fig. 28.

Tabelle 24 (Fortsetzung).

Staurand-Eichung, Versuchszusammenstellung.

Nr.	D mm	D_0 mm	F dcm³	F_0 dcm³	$\beta = \frac{F_0}{F}$	Nr.	V lit/sec	w_0 m/sec	$\sqrt{\frac{h}{\gamma}}$ mm H_2O	$K = \frac{V}{\sqrt{h/\gamma}}$	$k = \frac{w_0}{\sqrt{h/\gamma}}$	$k = \frac{c}{\sqrt{\frac{h}{\gamma}}} + k'$	c	k'
20	390,5	282,5	11,97	6,267	0,524	1	158,0	2,52	0,786	201,0	3,205	3,21	0,07	3,12
						2	230,0	3,67	1,154	199,3	3,18	3,18	$1-\beta^\varepsilon = 0{,}641$	
						3	265,0	4,23	1,34	198,0	3,16	3,17	$k'_{ber} = 3{,}13$	
						4	366,0	5,83	1,852	197,5	3,15	3,16	$\Delta = 0{,}3\%$	
21	390,5	354,5	11,97	9,868	0,825	1	188,0	1,905	0,447	421,0	4,26	4,26	0,12	4,0
						2	221,0	2,24	0,533	415,0	4,21	4,23		
						3	292,0	2,96	0,71	412,0	4,17	4,17		
						4	381,0	3,86	0,933	408,0	4,13	4,13		
22	623,5	189,5	30,53	2,820	0,0924	1	61,3	2,173	0,761	80,5	2,855	2,85	0,06	2,77
						2	101,6	3,6	1,272	79,8	2,83	2,82	$\varepsilon = 2{,}25$	
						3	195,0	6,91	2,49	78,3	2,775	2,79	$1-\beta^\varepsilon = 0{,}989$	
													$k'_{ber} = 2{,}78$	
													$\Delta = 0{,}3\%$	
23	623,5	249,0	30,53	4,870	0,16	1	97,8	2,01	0,708	138,2	2,84	2,84	0,04	2,78
						2	173,0	3,55	1,266	136,8	2,81	2,81	$1-\beta^\varepsilon = 0{,}984$	
						3	288,0	5,91	2,12	136,0	2,80	2,79	$k'_{ber} = 2{,}79$	
													$\Delta = 0{,}3\%$	
24	623,5	308,5	30,53	7,475	0,245	1	136,0	1,82	0,632	215,2	2,88	2,88	0,05	2,8
						2	251,0	3,36	1,182	212,3	2,84	2,84	$1-\beta^\varepsilon = 0{,}958$	
						3	365,0	4,88	1,795	203,5	2,72	2,82	$k'_{ber} = 2{,}805$	
													$\Delta = 0{,}1$	
25	623,5	377,0	30,53	11,16	0,365	1	165,5	1,484	0,505	328,0	2,94	2,94	0,05	2,84
						2	301,0	2,695	0,96	314,0	2,81	2,89	$1-\beta^\varepsilon = 0{,}896$	
						3	376,0	3,37	1,170	321,0	2,88	2,88	$k'_{ber} = 2{,}86$	
													$\Delta = 0{,}8$	
26	623,5	450,0	30,53	15,94	0,521	1	241,0	1,513	0,499	483,0	3,03	3,04	0,06	2,92
						2	377,0	2,365	0,783	481,0	3,02	3,0	$1-\beta^\varepsilon = 0{,}769$	
													$k'_{ber} = 2{,}97$	
													$\Delta = 1{,}8$	

Mittlere Abweichung der berechneten k'_{ber} von den k' ist 0,9%.

Tabelle 25. Durchström-Widerstand des 2"-Staurohres (das bei Versuch Nr. 5 benutzt wurde) und eines 2"-Rohrstückes gleicher Länge.

Druckmeßstelle

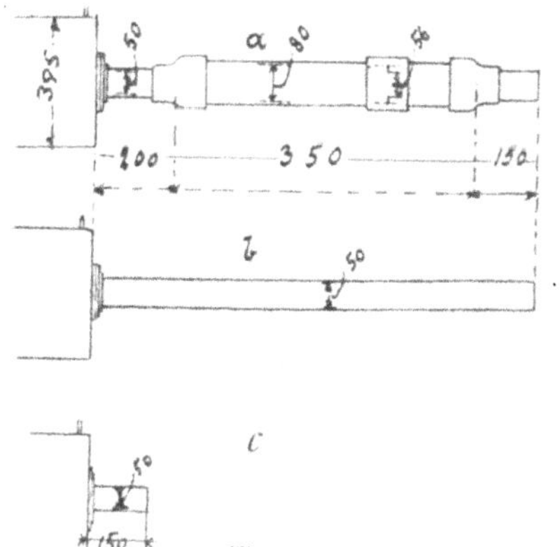

Fig. 29.

Versuchsanordng.	Nr.	Durchflußmenge V lit/sec	Kammerüberdruck h	Kammerüberdruck $\sqrt{h/\gamma}$	$\frac{V}{\sqrt{h/\gamma}}$	Mittlere Verhältniszahl
a	1	6,02	1,43	1,09	5,52	0,645
	2	12,2	5,95	2,225	5,43	
	3	16,4	10,25	2,92	5,61	
b	1	9,65	2,74	1,51	6,39	0,742
	2	12,92	5,1	2,06	6,28	
	3	18,2	10,05	2,998	6,09	
c	1	5,4	0,51	0,649	8,32	1,0
	2	10,65	1,93	1,26	8,45	
	3	24,3	10,1	2,89	8,4	

Kurventafel.

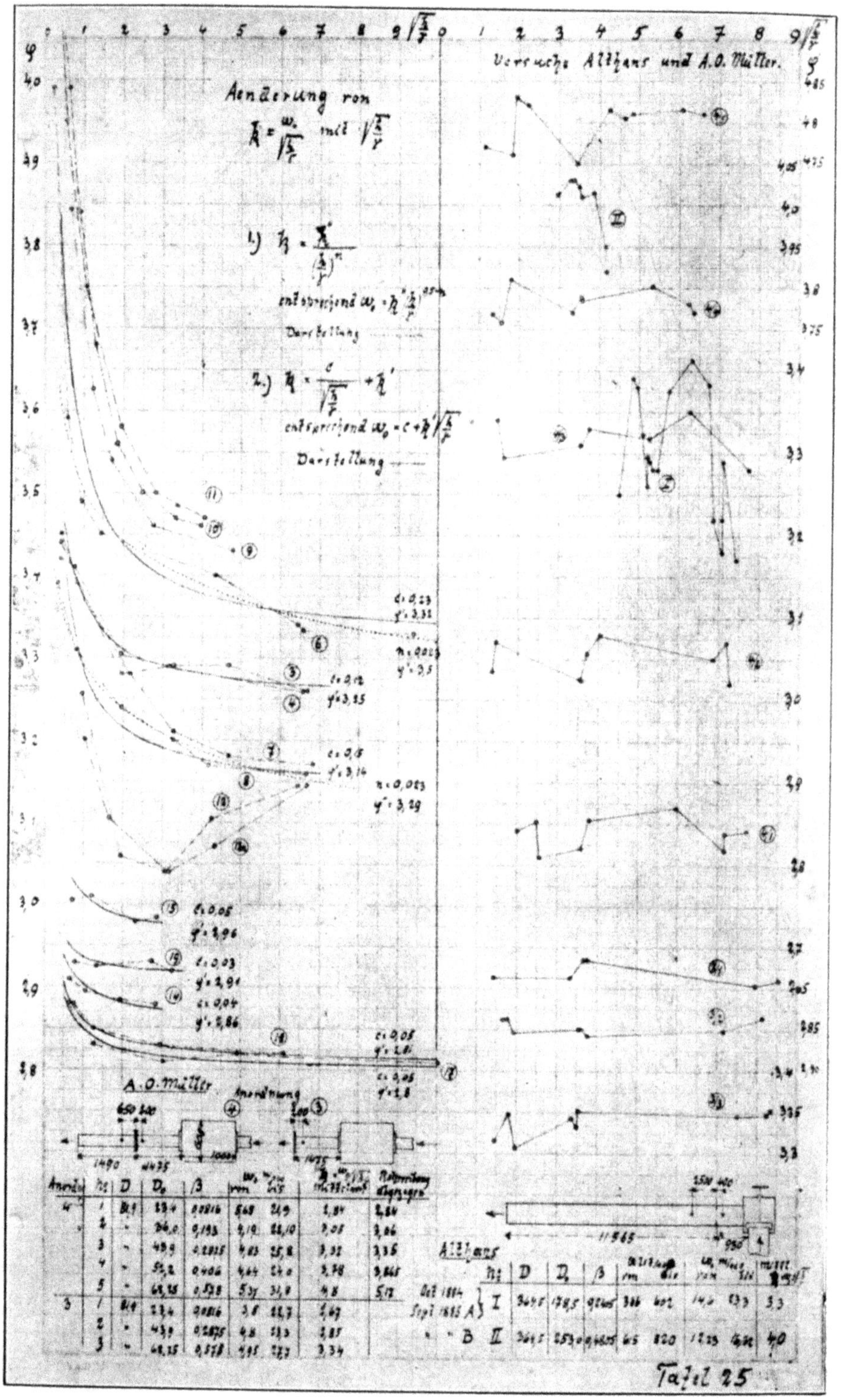

Fig. 30*).

*) Versehentlich steht mehrfach statt der Bezeichnung k die Bezeichnung φ.

Kurventafel.

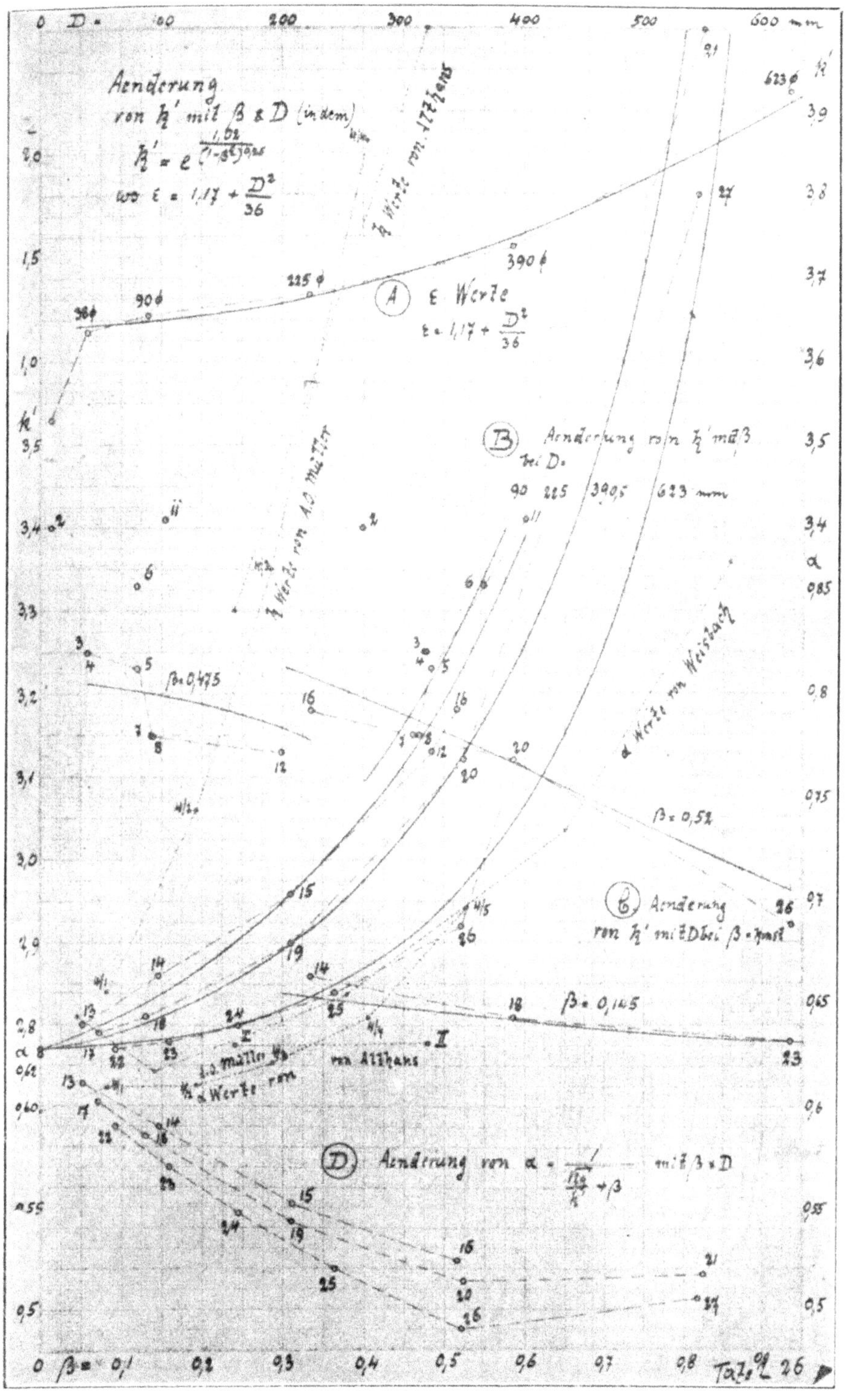

Fig. 31.

Tabelle 26.

Die c-, k'-, C- und K'-Werte für ein Oeffnungsverhältnis β von 0,5 bis 0,8 und für Rohrdurchmesser D von 100 bis 800 mm zur Berechnung der Durchflußgeschwindigkeit im Staurande $w_0 = c + k' \sqrt{h/\gamma}$ m/sec und der Durchflußmenge $V = C + K' \sqrt{h/\gamma}$ lit/sec, wo $C = 10 \cdot c \cdot F_0$; $K' = 10\ k'\ F_0$ und F_0 der Querschnitt des Staurandes in dcm².

Die k'-Werte sind berechnet nach der Formel $k' = e \dfrac{1{,}02}{(1-\beta^{\varepsilon})^{0{,}25}}$, wo $\varepsilon = 1{,}17 + \dfrac{D^2}{36}$ und D der Rohrdurchmesser in dcm ist.

$F_0/F = \beta =$		0,5					0,6					0,7					0,8				
D mm	F dcm²	c	k'	F_0 dcm²	C	K'	c	k'	F_0 dcm²	C	K'	c	k'	F_0 dcm²	C	K'	c	k'	F_0 dcm²	C	K'
100	0,785	0,1	3,24	0,393	0,4	12,73	0,11	3,47	0,471	0,5	16,33	0,12	3,79	0,55	0,7	20,8	0,13	4,35	0,628	0,8	27,3
150	1,77	0,1	3,23	0,885	0,9	28,6	0,11	3,44	1,061	1,1	36,6	0,12	3,76	1,24	1,5	46,6	0,13	4,30	1,415	1,8	60,8
200	3,14	0,09	3,21	1,57	1,4	50,4	0,1	3,41	1,885	1,9	64,3	0,11	3,72	2,2	2,4	81,9	0,12	4,25	2,51	3,0	106,8
250	4,92	0,09	3,18	2,46	2,2	78,2	0,1	3,38	2,950	3,0	100,0	0,11	3,68	3,44	3,8	121,8	0,12	4,19	3,93	4,7	165,0
300	7,08	0,08	3,15	3,54	2,8	111,5	0,09	3,34	4,25	3,8	142,0	0,1	3,62	4,96	5,0	180,0	0,11	4,12	5,66	6,2	233,0
350	9,63	0,08	3,12	4,82	3,8	150,5	0,09	3,30	5,78	5,2	191,0	0,1	3,56	6,74	6,7	240,0	0,11	4,04	7,7	8,5	311,0
400	12,58	0,07	3,09	6,29	4,4	194,5	0,08	3,26	7,55	6,0	246,0	0,09	3,50	8,81	8,0	308,0	0,10	3,96	10,05	10,1	398,0
450	15,9	0,07	3,06	7,95	5,6	243,0	0,08	3,21	9,55	7,6	306,0	0,09	3,45	11,12	10,0	384,0	0,10	3,88	12,7	13,0	493,0
500	19,63	0,07	3,03	9,82	6,9	298,0	0,08	3,17	11,78	9,4	373,0	0,09	3,4	13,73	12,0	467,0	0,10	3,80	15,7	16,0	596,0
550	23,8	0,06	3,0	11,9	7,2	357,0	0,07	3,13	14,3	10,0	448,0	0,08	3,35	16,68	13,0	557,0	0,09	3,72	19,05	17,0	708,0
600	28,3	0,06	2,97	14,2	8,5	422,0	0,07	3,09	17,0	12,0	525,0	0,08	3,3	19,8	16,0	654,0	0,09	3,64	22,6	20,0	823,0
700	38,5	0,06	2,91	19,3	11,5	562,0	0,07	3,02	23,1	16,0	698,0	0,08	3,2	26,93	21,5	862,0	0,09	3,48	30,8	28,0	1071,0
800	50,2	0,05	2,86	25,1	12,5	718,0	0,06	2,95	30,1	21,5	890,0	0,07	3,11	35,1	28,0	1092,0	0,08	3,32	40,2	32,0	1335,0

Kurventafel.

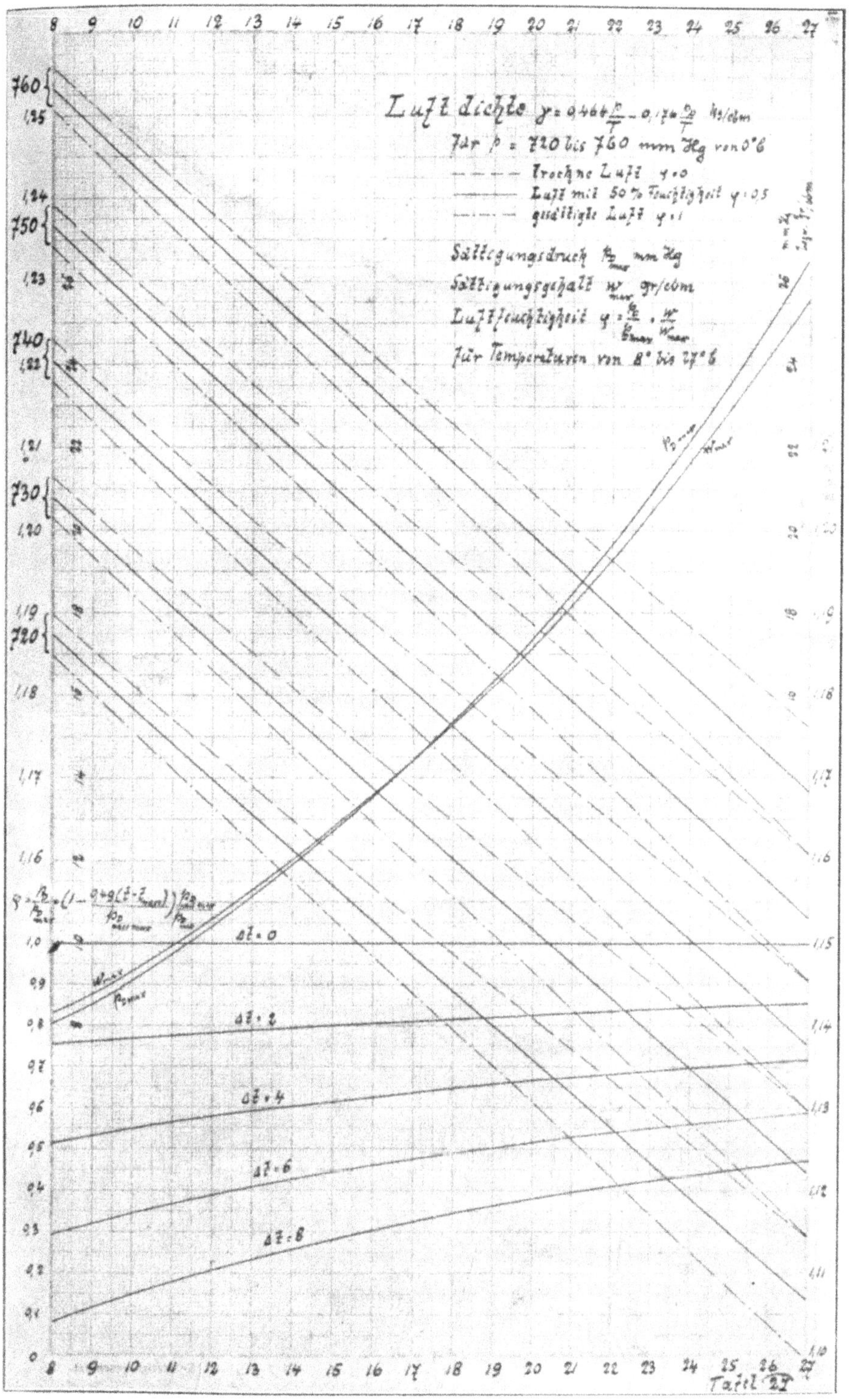

Fig. 32.

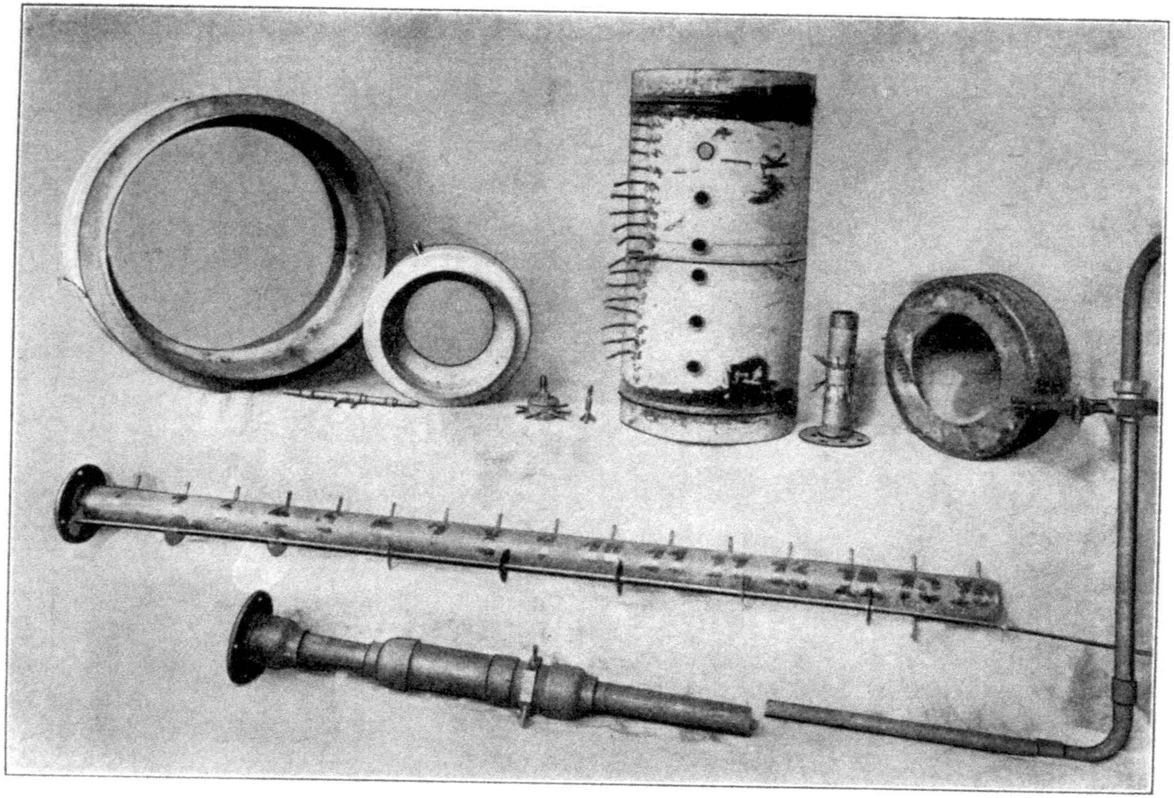

Fig. 33.

1. 623/563 mm Staurand.
2. 9,8/6,2 „ „
3. 223/160 „ „
4. Sammelausgleicher mit 12 Anschlüssen.
5. Sammelausgleicher mit 4 Anschlüssen.
6. Versuchsstück Seite 46 Fig. 6.
8. Versuchsstück Seite 47 bis 50.
9. $1^1/_2$"-Staurand f. höhere Pressungen.
10. Versuchsrohr Seite 46 Fig. 5 und Seite 65 Fig. 19.
11. Versuchsrohr Tabelle 24 Nr. 10.

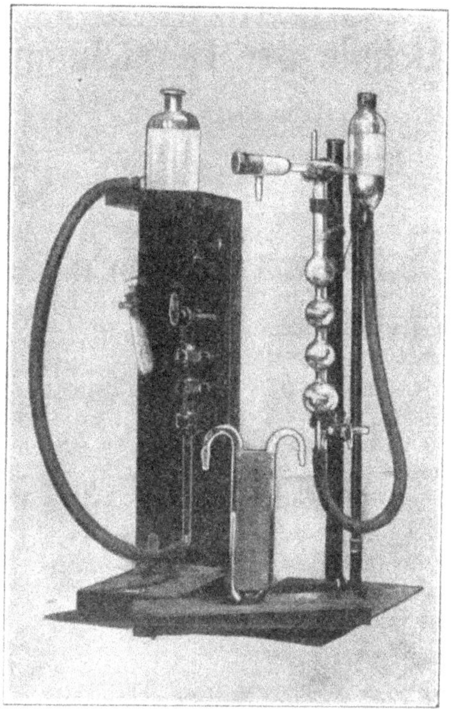

2 3 4

Fig. 34.

2. Bunsenapparat mit Glyzerin-Füllung.
3. U-Rohr.
4. Bunsenapparat mit Hg-Füllung.

Verzeichnis der Bezeichnungen.

Index: 1 vor dem Staurand; 2 hinter dem Staurand; 0 im Staurand.

$b = \frac{D - D_0}{2}$	Randbreite	mm
c	Geschwindigkeitskonstante in $w_0 = c + k' \sqrt{h/\gamma}$	$m\ sec^{-1}$
d	Staudruck, Druck auf der Druckseite, dem Strom zugewandten Seite	$mm\ H_2O = kg\ m^{-2}$
$e = 2{,}718$	Basis der natürl. Logarithmen	
$f(\ )$	Funktionszeichen	
$g = 9{,}81$	Erdbeschleunigung	$m\ sec^{-2}$
$h = \Delta p$	statisches Druckgefälle	$mm\ H_2O$
i	Erzeugungswärme	Cal/kg
k	Geschwindigkeitskoeffizient in $w_0 = k(h/\gamma)^n$	$m^{1/2}\ sec^{-1}$
k'	" " $w_0 = c + k' \sqrt{h/\gamma}$	$m^{1/2}\ sec^{-1}$
$l = D'\pi$	Umfang des Mittelpunktkreises der Druckmeßöffnungen am Staurand	mm
n	Exponent von h/γ in $w_0 = k''(h/\gamma)^n$	
p	statischer Druck	$mm\ H_2O$ (auch gelegentlich mm Hg)
p_D	partieller Dampfdruck in feuchter Luft	mm Hg
$p'_m = \frac{\Sigma p}{n}$	mittlerer Druck	$mm\ H_2O$
$p_m = \left(\frac{1}{n} \Sigma \sqrt{p}\right)^2$	Druckmittel aus den Quadratwurzeln	$mm\ H_2O$
p_s	Druckanzeige des Sammelausgleichers, so daß $\Sigma \pm \sqrt{p_s - p} = 0$	$mm\ H_2O$
r	Radius eines Ringflächenelementes	mm
$r_1 = r_2 / r_0$	Radius des Rohres bzw. des Staurandes	mm
s	Saugdruck, Druck auf der Saugseite, der vom abgewandten Seite	$mm\ H_2O$
t	Temperatur	^{0} Celsius
u	Geschwindigkeit an beliebiger Stelle	$m\ sec^{-1}$
v	spezifisches Volumen	$m^3\ kg^{-1}$
$w = \frac{V}{F}$	mittlere Geschwindigkeit üb. d. Rohrquerschnitt	$m\ sec^{-1}$
w_L	Feuchtigkeitsgehalt der Luft	$gr\ m^{-3}$
w_{max}	Sättigungsgehalt, maximaler Feuchtigkeitsgehalt	$gr\ m^{-3}$
x	Entfernung eines Punktes auf dem Staurand von der Rohrwand	mm

A	mechanisches Wärmeäquivalent	
C	Durchflußkonstante in $V = C + K' \sqrt{h/\gamma}$ $C = 10c\, F_0$.	$m^3 sec^{-1} = 10^3 \, dcm^3 sec^{-1}$
$D = D_1 = D_2$	innerer Rohrdurchmesser	mm
D_0	Stauranddurchmesser	mm
$F = \frac{D^2 \pi}{4}$	Rohrquerschnitt F_0 Staurandquerschnitt	$m^2 = 10^2 \, dcm^2$
K	Durchflußkoeffizient in $V = K \sqrt{h/\gamma}$ $K = 10\, k'\, F_0$	lit/sec für $\sqrt{h/\gamma} = 1$
K'	" " $V = C + K' \sqrt{h/\gamma}$ $K' = 10\, k'\, F_0$	lit/sec für $\sqrt{h/\gamma} = 1$
L_v, L_h	Rohrlänge vor bzw. hinter dem Staurand (gerade und glatt)	mm
Q	Wärmemenge	Cal
R	Reibungs- etc. Verlust bei einer Verengung	
$T = 273 + t$	absolute Temperatur	
V	Durchfluß, Lieferung $V = C + K' \sqrt{h/\gamma}$	lit $sec^{-1} = 10^{-3} \, m^2 \, sec^{-1}$ $= 3{,}6 \, m^3$ $Stde^{-1}$

$\alpha = \frac{F_0}{F_0 : \alpha}$	Kontraktionskoeffizient	
$\beta = \frac{F_0}{F}$	Oeffnungsverhältnis	
γ	Dichte, spez. Gewicht	kg m^{-3} bzw. kg dcm^{-3}
δ	Staurandwandstärke	mm
Δ	Zeichen für Differenz, Zu- oder Abnahme	
ε	Koeffizient in $k' = \varepsilon^{\frac{\lambda}{(1-\beta^{\varepsilon})^{\eta}}}$	
$\zeta = \frac{2gk}{\gamma w_0^2} = \frac{2g}{k^2}$	Widerstandskoeffizient	
η	Koeffizient in $k' = e^{\frac{\lambda}{(1-\beta^{\varepsilon})^{\eta}}}$	
$\varkappa$	Koeffizient in $d'_{max} + 1 - d' = e^{\varkappa \left(\frac{x}{b}\right)^{\nu}}$	
λ	Koeffizient in $k' = e^{\frac{\lambda}{(1-\beta^{\varepsilon})^{\eta}}}$	
μ	Molekulargewicht	
ν	Koeffizient in $d'_{max} + 1 - d' = e^{\varkappa \left(\frac{x}{b}\right)^{\nu}}$	
$\varphi = \frac{p_D}{p_{D\,max}} = \frac{W}{W_{max}}$	(relative) Luftfeuchtigkeit	

LOUIS BORCHARDT BERLIN SW. 68 LINDENSTRASSE 16-17.

www.ingramcontent.com/pod-product-compliance
Lightning Source LLC
LaVergne TN
LVHW080002031026
849161LV00026B/3038
9783112694039